21世纪高校计算机系列规划教材

大学计算机基础实验指导

（第四版）

主　编　刘萍萍　杨盛泉

副主编　李　文　孙晓燕　周江卫

U0316481

中国铁道出版社有限公司

CHINA RAILWAY PUBLISHING HOUSE CO., LTD.

内 容 简 介

本书是与王建国主编的《大学计算机基础（第四版）》教材相配套的实验教材和习题集。

本书由三部分组成。第一部分"大学计算机基础实验"与主教材紧密配合，内容主要涉及：计算机系统、操作系统、办公自动化软件、计算机网络与 Internet 应用、多媒体技术基础、数据库管理系统、常用工具软件。实验设计注重基本概念与原理的结合，突出操作性，帮助学生掌握计算机基本操作技能。为了便于学生对主教材中概念、知识点的理解和掌握，本书第二部分与主教材配套补充了大量的习题，这些习题包含有概念型、理解型、操作型、设计型、思考型等各种形式。为了更好地辅助主教材的教学，本书在第三部分安排了四套模拟试题，以便学生进行自我测试。最后，在附录中给出了计算机相关知识的课外阅读资料。

本书可作为《大学计算机基础（第四版）》的配套教材，也可作为相关培训班的上机培训指导书。

图书在版编目（CIP）数据

大学计算机基础实验指导 / 刘萍萍，杨盛泉主编. —4 版.
—北京：中国铁道出版社，2013.9（2019.7 重印）
21 世纪高校计算机系列规划教材
ISBN 978-7-113-17273-2

Ⅰ. ①大… Ⅱ. ①刘… ②杨… Ⅲ. ①电子计算机—高等学校—教学参考资料 Ⅳ. ①TP3

中国版本图书馆 CIP 数据核字（2013）第 213321 号

书　　名：**大学计算机基础实验指导**（第四版）
作　　者：刘萍萍　杨盛泉　主编

策　　划：滕　云　　　　　　　　　　读者热线：（010）63550836
责任编辑：杜　鹃
封面设计：付　巍
封面制作：白　雪
责任印制：郭向伟

出版发行：中国铁道出版社有限公司（100054，北京市西城区右安门西街 8 号）
网　　址：http://www.tdpress.com/51eds/
印　　刷：北京鑫正大印刷有限公司
版　　次：2006 年 8 月第 1 版　　2007 年 8 月第 2 版　　2011 年 8 月第 3 版
　　　　　2013 年 9 月第 4 版　　2019 年 7 月第 7 次印刷
开　　本：787mm×1 092mm　1/16　印张：13.5　字数：318 千
印　　数：30 801～34 300 册
书　　号：ISBN 978-7-17273-2
定　　价：28.00 元

前言（第四版）

《大学计算机基础实验指导》在教学中起了重要的辅助作用。为了进一步适应计算机技术的飞速发展，满足新时期"大学计算机基础"课程的教学需要，便于学生对基本概念和原理的学习以及实践操作能力的提高，我们组织了一个多年从事该门课程教学的教师团队，在总结多年的教学经验的基础上，结合计算机技术的最新发展，在《大学计算机基础实验指导》（第三版）的基础上修改和完善，形成了本书。

本书由三部分组成。

第一部分"大学计算机基础实验"与主教材紧密配合，实验设计注重基本概念与原理的结合，突出操作性，帮助学生掌握计算机基本操作技能。第一部分共包括 14 个实验，其中，实验一为微型计算机硬件组装，目的在于帮助学生掌握微型计算机的硬件组装方法和参数设置；实验二~实验五是关于操作系统的使用，目的在于帮助学生掌握 Windows 7 的基本操作以及文件管理方法和控制面板的使用；实验六~实验八是关于 Microsoft Office 办公自动化软件的使用，目的在于帮助学生掌握 Word 2010、Excel 2010 和 PowerPoint 2010 的操作方法；实验九~实验十二是关于计算机网络的操作，目的在于帮助学生掌握对等网的组建、IE 浏览器的基本使用、常用搜索引擎的使用和电子邮箱的基本使用方法；实验十三是关于数据库管理软件的使用；实验十四是关于常用工具软件的操作。

为了便于学生对主教材中概念、知识点的理解和掌握，结合"计算机等级考试"的相关知识体系要求，本书在第二部分补充了大量的习题，这些习题包含概念型、理解型、操作型、设计型、思考型等各种形式。

为了更好地辅助主教材的教学，本书在第三部分安排了四套模拟试题，方便学生进行自我测试。

最后，在附录中给出了计算机相关知识的课外阅读资料。

本书由刘萍萍、杨盛泉任主编，李文、孙晓燕、周江卫任副主编。本教材在编写过程中，得到了许多老师的关心和帮助，编者表示衷心感谢！由于编者水平有限，书中的不足和疏漏之处在所难免，恳请各位专家、读者不吝指正。

编　者

2013 年 6 月

前言（第三版）

第一版和第二版《大学计算机基础实验指导》在教学中起了重要的辅助作用。为了进一步适应计算机技术的飞速发展，满足新时期大学计算机基础课程的教学需要，便于学生对基本概念和原理的学习以及实践操作能力的提高，我们组织了一个多年从事该门课程教学的教师团队，在总结多年教学经验的基础上，结合计算机技术的最新发展，在《大学计算机基础实验指导》（第二版）的基础上进行了修改和完善。

本书由 3 部分组成：大学计算机基础实验、大学计算机基础习题和综合模拟测试题。其中，实验内容与主教材紧密配合，注重基本概念与原理相结合，突出操作性，帮助学生掌握计算机基本操作技能。同时，为了便于学生对主教材中的概念、知识点的理解和掌握，结合计算机等级考试的相关知识体系要求，本书配备了大量的习题及计算机相关知识的课外阅读资料。习题包括概念型、理解型、操作型、设计型、思考型等各种形式。

本书共包括 14 个实验，其中，实验一为微型计算机硬件组装，目的在于使读者掌握微型计算机的硬件组装方法和参数设置；实验二至实验五是操作系统 Windows XP 的使用，目的在于使读者掌握 Windows XP 的安装、基本操作、文件管理方法和控制面板的使用；实验六至实验八是 Microsoft Office 办公自动化软件的使用，目的在于使读者掌握 Word 2003、Excel 2003 和 PowerPoint 2003 的操作方法；实验九至实验十二是关于计算机网络的操作，目的在于使读者掌握对等网的组建、IE 浏览器的基本使用、常用搜索引擎的使用和电子邮箱的基本使用方法；实验十三是 Access 数据库管理软件的使用；实验十四是常用工具软件的操作介绍。

本教材在编写过程中，得到了许多老师的关心和帮助，在此表示衷心感谢！由于编者水平有限，书中的不妥和疏漏之处在所难免，恳请专家、读者不吝指正。

编 者

2011 年 7 月

前言（第二版）

《大学计算机基础实验指导》（第一版）在教学中起了重要的辅助作用。为了适应信息技术的飞速发展，满足快速发展的教学需求，有必要对本实验教材的内容进行相应的修正，使之能够紧密地与课堂教学相结合。本书是以"关于进一步加强高等学校计算机基础教学的意见"（俗称"白皮书"）为依据，根据第一版的使用效果以及作者多年的教学经验，对本实验教材进行修改，突出了计算机网络操作、常用工具软件等实用性实验，以提高学生的实际应用能力。

本实验教材共包括 16 个实验，其中，实验一为微型计算机硬件组装，目的在于掌握微型计算机的硬件组装方法和参数设置；实验二～实验五是关于操作系统的使用，目的在于掌握 Windows XP 的安装、Windows XP 的基本操作以及文件管理方法和控制面板的使用；实验六～实验八是关于 Microsoft Office 办公自动化软件的使用，目的在于掌握 Word 2003、Excel 2003 和 PowerPoint 2003 的操作方法；实验九～实验十三是关于计算机网络的操作，目的在于掌握对等网的组建、IE 浏览器的基本使用、常用搜索引擎的使用和电子邮箱的基本使用方法；实验十四是关于数据库管理软件的使用；实验十五和实验十六是关于多媒体技术和常用工具软件的操作介绍。附录中是关于计算机相关知识的课外阅读资料，供读者参考。

由于编者水平有限，书中难免存在疏漏之处，恳请广大师生、同行专家以及各位读者批评指正。

编 者

2007 年 6 月

前言（第一版）

随着计算机技术的飞速发展，计算机在经济与社会发展中的地位日益重要。计算机基础知识和计算机应用能力已成为当代大学生知识结构和能力培养的重要组成部分。2004 年 10 月，教育部非计算机专业计算机基础课程教学指导分委员会提出了"关于进一步加强高等学校计算机基础教学的意见"（俗称"白皮书"）。本实验教材根据白皮书的相关要求，并结合当前计算机的发展实际状况，同时为了配合计算机基础课程的理论教学而编写。

本实验教材中的实验内容涉及：计算机系统、计算机操作系统、办公自动化、计算机网络技术、数据库应用、多媒体技术和软件开发技术等。在内容组织上注重基础知识与计算机实际操作的结合，在完成计算机实验内容的基础上，掌握计算机基本的操作方法，提高应用计算机解决实际问题的能力。

本实验教材共包括 16 个实验，其中，实验一为微型计算机硬件组装，目的在于掌握微型计算机的硬件组装方法和参数设置；实验二～实验五是关于操作系统的使用，目的在于掌握 Windows XP 的安装、Windows XP 的基本操作以及文件管理方法和控制面板的使用；实验六～实验八是关于 Microsoft Office 办公自动化软件的使用，目的在于掌握 Word 2003、Excel 2003 和 PowerPoint 2003 的操作方法；实验九～实验十三是关于计算机网络的操作，的使用对等网的组建、IE 浏览器的基本使用和 Outlook Express 的基本使用方法；实验十四是关于数据库管理软件的使用；实验十五和实验十六是关于多媒体技术和常用工具软件的操作介绍。

由于水平有限和时间仓促，书中不妥和疏漏之处在所难免，恳请广大专家和读者批评指正。

编　者
2006 年 7 月

目 录

第一部分 大学计算机基础实验

第二部分 大学计算机基础习题

第三部分 综合模拟测试题

第一部分
大学计算机基础实验

"大学计算机基础"是一门是实践性很强的课程，在学习过程中，一定要重视上机实践环节，通过上机可以加深理解常用应用软件使用与操作的有关知识，以巩固理论知识。

实验报告要求

1. 程序，应书写整齐，经检查无误后方能上机。

2. 上机结束后，按照实验指导书的具体要求，整理出实验报告（字迹工整），下次上机交给指导教师。

3. 实验报告应包括以下内容：

（1）实验题目；

（2）实验内容；

（3）实验步骤；

（4）实验结果；

（5）心得体会。

实验一　微型计算机硬件组装

【实验目的】

（1）认识微型计算机常见的硬件及各组成部件。

（2）掌握微型计算机的硬件组装方法。

（3）掌握微型计算机的硬件参数设置。

【实验内容】

（1）对微型计算机硬件进行组装。

（2）配置主机各种参数（BIOS 设置）。

【实验步骤】

一、微型计算机组装注意事项

微型计算机又称为微机、电脑，在进行硬件维护和安装时，应注意以下事项：

（1）装机前要先放掉身体上的静电，以防电击穿电路部件里的各种半导体元器件。具体方法是触摸与大地连接的物件，如自来水管、暖气管等，或者简单地摸一下机箱的金属部分。

（2）装机前要仔细阅读各部件的说明书，特别是主板说明书，根据 CPU 的类型正确设置好跳线。

（3）在装机过程中移动计算机部件时要轻拿轻放，切勿将计算机部件掉落在地板上，特别是对于 CPU、硬盘等部件。在开机测试时禁止移动计算机，以防损坏硬盘等部件。

（4）插接数据线时，要认清 1 号线标识（红边），对准插入；如果需要拔取时，要注意用力方向，切勿生拉硬扯，以免将接口插针拔弯。

二、微型计算机的组成

微型计算机从外观上看，由主机和外围设备两部分组成。主机是计算机的核心，一般包括中央处理器、硬盘、内存、电源等；外围设备一般包括显示器、键盘、鼠标，以及磁盘和磁盘驱动器等，如图 1-1 所示。

1．微型机主机箱前面板

观察微机主机箱前面板，如图 1-2 所示，明确各部分的名称及用途，观察各指示灯在工作时的状态。

图 1-1　微型计算机外观

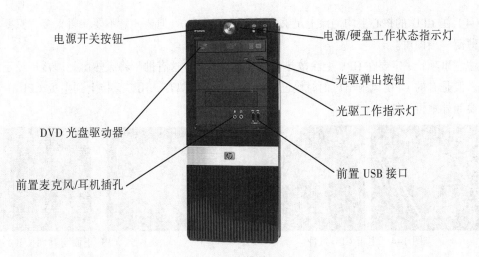

图 1-2　主机箱前面板

电源开关按钮

电源/硬盘工作状态指示灯

光驱弹出按钮

光驱工作指示灯

DVD 光盘驱动器

前置 USB 接口

前置麦克风/耳机插孔

2．微机主机箱后面板

观察微机主机后面板的各个部分，如图 1-3 所示，明确各部分的名称及用途，仔细观察并记忆各接口的形式。

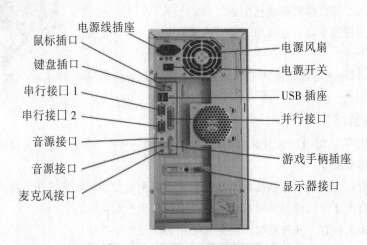

电源线插座

鼠标插口

电源风扇

键盘插口

电源开关

串行接口 1

USB 插座

串行接口 2

并行接口

音源接口

游戏手柄插座

音源接口

显示器接口

麦克风接口

图 1-3　主机箱后面板

三、微型计算机的硬件组装

1．CPU 的安装

在主板上找到 CPU 插座，Intel 芯片组的主板上一般有一个保护外盖，需要去掉其保护外盖，可以清楚地看到 CPU 底座的针脚细节，如图 1-4 所示，然后进行 CPU 芯片的安装：

（1）稍向外/向上用力拉开 CPU 插座上的锁杆与插座呈 90° 角，以便让 CPU 能够插入处理器插座。

（2）取出事先准备好的跟该主板相匹配的 CPU，这里使用 Intel 酷睿 i7 2 600KB 的 CPU，其正面与背面如图 1-5 所示。仔细观察并将 CPU 上针脚有缺针的部位对准插座上的缺口。

（3）CPU 只能够在方向正确时才能被插入插座中，然后按下锁杆。

（4）在 CPU 的核心上均匀涂上足够的散热膏（硅脂）。但要注意不要涂得太多，只要均匀地涂上薄薄一层即可。

注意事项：一定要在 CPU 上涂散热膏或加块散热垫，这有助于将废热由处理器传导至散热装置上。但是有的 CPU 风扇出厂的时候已经涂上了一层散热膏，用户直接上到主板 CPU 上即可，不需要额外地再涂抹。

图 1-4　主板 CPU 底座

 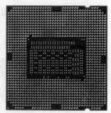

图 1-5　CPU 正面与背面

CPU 安装完之后，应该安装 CPU 风扇，如图 1-6 所示，其安装步骤如下：

（1）在主板上找到 CPU 和它的支撑机构的位置。

（2）将散热片妥善定位在支撑机构上。

（3）将散热风扇安装在散热片的顶部，然后向下压风扇，直到它的四个卡子卡入支撑机构对应的孔中。

（4）将两个压杆压下以固定风扇，需要注意的是每个压杆都只能沿一个方向压下。

（5）将 CPU 风扇的电源线接到主板上 3 针的 CPU 风扇电源接头上。

图 1-6　CPU 风扇与散热片

2. 内存的安装

现在常见的内存有 DDR2 与 DDR3 两种，具体选择哪一种，要与主板的内存插槽相匹配。内存的安装步骤如下：

（1）安装内存前先要将内存插槽两端的白色卡子向两边扳动，将其打开，将内存插入。然后再插入内存，内存的 1 个凹槽必须对准内存插槽上的 1 个凸点（隔断）。

（2）再向下按入内存，在按的时候需要稍稍用力（见图 1-7）。

图 1-7　内存安装

（3）压紧白色卡子确保内存被固定住，即完成内存的安装。

3. 主板的安装

主板，即一块控制和驱动微型计算机的电路板，是 CPU 与其他部件联系的桥梁（见图 1-8），通过主板上各种各样的接口将微型计算机的各部件连接起来。

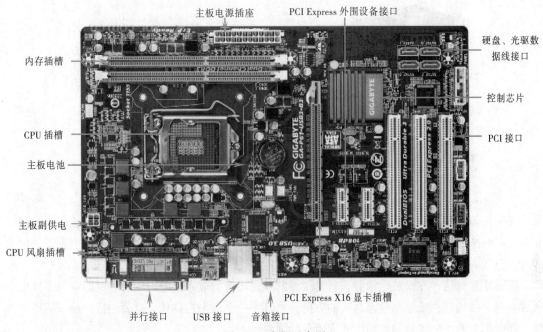

主板电源插座　　　PCI Express 外围设备接口

内存插槽

硬盘、光驱数
据线接口

CPU 插槽

控制芯片

主板电池

PCI 接口

主板副供电

CPU 风扇插槽

并行接口　　　USB 接口　　　音箱接口　　　PCI Express X16 显卡插槽

图 1-8　主板示意图

在主板上装好 CPU 和内存后，即可将主板装入机箱中。

在安装主板前先认识一下机箱，如图 1-9 所示。机箱的整个机架由金属组成。其 5 寸固定架，可以安装光驱等设备；3 寸固定架，用来固定小软驱（现在的计算机基本已经不使用软盘驱动器）、3 寸硬盘等；电源固定架，用来固定电源。而机箱下部那块大的铁板用来固定主板，称之为底板，上面的很多固定孔是用来安装铜柱或塑料钉以固定主板的，现在的机箱在出厂时一般就已经将固定柱安装好。而机箱背部的槽口是用来固定板卡及打印接口和鼠标接口的，在机箱的四面还有四个塑料脚垫。不同的机箱固定主板的方法不一样，本例中的机箱全部采用螺钉固定，稳固程度很高，但要求各个螺钉的位置必须精确。主板上一般有 5～7 个固定孔，应选择合适的孔与主板匹配，选好以后，把固定螺钉旋紧在底板上。然后把主板小心地放在上面，注意将主板上的键盘接口、鼠标接口、串并接口等和机箱背面挡片的孔对齐，使所有螺钉对准主板的固定孔，依次把每个螺钉安装好。总之，要求主板与底板平行，决不能碰在一起，否则容易造成短路。

接着应该连接机箱接线，将机箱上的电源、硬盘、喇叭、复位等控制连接端子线插入主板上的相应插针上。连接这些指示灯线和开关线是比较烦琐的，因为不同的主板在插针的定义上是不同的，可通过查阅主板说明书将其正确连接，注意插针正负极的定义。

4．电源的安装

一般情况下，在购买机箱时往往都配有电源，如图 1-10 所示。不过，有时机箱自带的电源品质太差，或者不能满足特定要求，则需要更换电源。由于计算机中的各个配件基本上都已模块化，因此更换起来很容易，电源也不例外。

图 1-9　主机箱　　　　　　　　　　　　　图 1-10　电源

安装电源很简单，先将电源放进机箱上的电源位，并将电源上的螺钉固定孔与机箱上的固定孔对正。先拧上一颗螺钉（固定住电源即可），然后将后 3 颗螺丝孔对正位置，再拧上剩下的螺钉即可。

需要注意的是，在安装电源时，首先要做的就是将电源放入机箱内。有些电源有两个风扇，或者有一个排风口，要注意电源放入的方向，将其中一个风扇或排风口对着主板，放入后稍稍调整，让电源上的 4 个螺钉和机箱上的固定孔分别对齐。

5．安装外围存储设备

安装外围存储设备时的基础知识：

- 每个 SATA 接口都可以有（而且最多只有）一个 Master 盘（主盘，用于引导系统）。当两个 SATA 接口连接的硬盘都设置为 Master 时，现在的主板，一般都可以通过 CMOS 的设置指定哪一个 SATA 接口上的硬盘是启动盘。
- ATX 电源在关机状态时仍保持 5 V 电流，所以在进行零配件安装、拆卸及外围电缆线插、拔时必须关闭电源接线板开关或拔下机箱电源线。
- 为了避免因驱动器的震动造成的存取失败或驱动器损坏，建议在安装驱动器时在托架上安装并固定所有的螺钉。
- 电源线的安装是有方向的。

（1）安装硬盘：

① 如果只用一根 SATA 串口数据线来连接硬盘（见图 1-11），那么就可以把硬盘放到插槽中去了，单手捏住硬盘（注意手指不要接触硬盘底部的电路板，以防身上的静电损坏硬盘），对准安装插槽后，轻轻地将硬盘往里推，直到硬盘的四个螺丝孔与机箱上的螺丝孔对齐为止。

图 1-11　用于连接硬盘或者光驱的 SATA 数据线、扁平串口插头电源线

② 硬盘到位后，用螺钉加以固定。注意，硬盘在工作时其内部的磁头会高速旋转，因此必须保证硬盘安装到位，确保固定。硬盘的两边各有两个螺丝孔，因此最好能上四个螺钉，并且在上螺钉时，四个螺钉的进度要均衡。

③ 先将 SATA 数据线（见图 1-11）在硬盘上的 SATA 数据接口（见图 1-12）上插好，然后再将其插紧在主板 SATA 接口（见图 1-13）中，最后再将 ATX 电源上的扁平串口插头线接头在硬盘的电源插头（见图 1-14）上插好即可。

图 1-12　硬盘 SATA 数据接口以及串口电源接口

图 1-13　主板接口

（2）光驱安装：

① 将光驱（见图 1-15）装入机箱，先拆掉机箱前方的一个 5 寸固定架面板，然后把光驱滑入。把光驱从机箱前方滑入机箱时要注意光驱的方向，现在的机箱大多数只需要将光驱平推入机箱就行了。

图 1-14　硬盘

图 1-15　光盘与光驱

② 固定光驱。在固定光驱时，要用细纹螺钉固定，每个螺钉不要一次拧紧，要留一定的活动空间，避免由于光驱微小的位移而导致光驱上的固定孔和框架上的开孔之间错位。正确的方法是把 4 颗螺钉都旋入固定位置后，调整一下，最后再拧紧螺钉。

③ 安装连接线，依次安装好 IDE 排线和电源线。

6. 安装显卡、声卡、网卡

（1）安装显卡：

① 从机箱后壳上移除对应 AGP 插槽上的扩充挡板及螺钉。

② 将显卡对准 PCI-E 插槽并且切实地插入插槽中。显卡接口应该与 PCI-E 插槽的类型兼容。注意：务必确认将卡上的插口部分的金属触点与 PCI-E 插槽接触在一起。

③ 用螺钉将显卡固定在机箱壳上。

（2）安装声卡（现在计算机一般集成声卡，本步可忽略）：

① 选择空余的 PCI 插槽，并从机箱后壳上移除对应 PCI 插槽上的扩充挡板及螺钉。

② 将声卡对准 PCI 插槽并且切实地插入 PCI 插槽中。注意：务必确认将卡上的插口部分的金属触点与 PCI 插槽接触在一起。

③ 用螺钉将声卡固定在机箱壳上。

（3）安装网卡（现在计算机一般集成网卡，本步可忽略）：安装网卡的方法与安装声卡过程相似，选择空余的 PCI 插槽进行安装。

7．连接外围设备

（1）安装显示器。显示器是计算机的重要输出设备，用来显示文字和图形。

计算机的显示部分由显示器和显示适配器（显示卡）两部分组成。按屏幕的尺寸显示器可分为 19 英寸、21 英寸、23 英寸等；按显示的颜色又可分为单色显示器和彩色显示器两种。显示适配器的规格一般有 EGA、CGA、VGA、SVGA 等。显示适配器的性能决定了显示器所能显示的颜色数和图像的清晰度。目前常见的显示器按照结构原理分为 CRT（阴极射线管）显示器和 LCD（液晶显示器），如图 1-16 所示和如图 1-17 所示。

图 1-16　CRT 显示器　　　　　　　　　图 1-17　LCD 显示器

① 把显示器侧放。在搬动显示器时，应先观察显示器，一般在显示器的两侧会有一个方便手挪的扣槽，用户使用这个扣槽就可以方便地搬动显示器了。

② 安装底座。显示器底部有几个卡口，在显示器的底部有许多小孔，其中就有安装底座的安装孔。此外，显示器的底座上有几个突起的塑料弯钩，塑料弯钩就是用来固定显示器底部的。

具体方法是：首先将底座上突出的塑料弯钩与显示器底部的小孔对准，要注意插入的方向；然后将显示器底座按正确的方向插入显示器底部的插孔内；接着用力推动底座，听见"咔"的一声响，显示器底座就固定在显示器上了。

③ 连接显示器的电源。将显示器电源连接线的另外一端连接到电源插座上。

④ 连接显示器的信号线。把显示器的信号线与机箱后面的显卡输出端相连接，显卡的输出端是一个 15 孔的三排插座，将显示器信号线的插头插入其中。插入时注意方向，厂商在设计插头的时候为了防止插反，将插头的外框设计为梯形，因此一般情况下是不容易插反的。

（2）连接鼠标、键盘。键盘是计算机中最常用的输入设备，目前计算机配置的标准键盘常见的是 101 键和 104 键，如图 1-18 所示。

图 1-18　键盘

鼠标是图形用户界面下的标准输入设备，它可快速准确地对移动光标进行定位。常用的鼠标有机械式鼠标（见图 1-19）和光电式鼠标两种（见图 1-20）。

图 1-19　机械式鼠标　　　　　　　　　　　图 1-20　光电式鼠标

键盘和鼠标的安装很简单，只需将插头对准缺口方向插入主板上的键盘/鼠标插座即可。

◎说明

　　按接口类型来分，鼠标可以分为 RS-232 口、PS/2、USB 三类。传统的鼠标是 RS-232 口连接的，占用了一个串行通信口；PS/2 接口的鼠标是目前市场上的主流产品；USB 接口是目前流行的一种输入/输出接口，常用于连接键盘、鼠标、数码照相机等外围设备。键盘有 PS/2 接口和 USB 接口类型。

（3）安装和连接音箱。音箱（见图 1-21）通常分为有源音箱和无源音箱，有源音箱接在声卡的 Speaker 接口或 Line-out 接口上，无源音箱就接在 Speaker 接口上。

图 1-21　音箱

8．连接主机箱的电源线

四、设置硬件参数（BIOS 设置）

1．BIOS 设置程序简介

BIOS 是基本输入/输出系统的英文缩写。它是固化在计算机中的一组程序，为计算机提供最低级的、最直接的硬件控制。BIOS 提供了 4 种功能：加电自检及初始化、系统设置、系统引导和基本输入/输出系统。其中，系统设置功能是用于设定系统部件配置的组态。当系统部件与原来存放在 CMOS 中的参数不符合、CMOS 参数丢失或系统不稳定时，都需要进入 BIOS 设置程序，重新配置正确的系统组态。对于新安装的系统也需要进行设置才能使系统工作在最佳状态。

在开机时按下热键可以进入 BIOS 设置程序。不同厂家的 BIOS 进入设置程序的按键不同，常见的 BIOS 设置程序的进入方式如下：

- Award BIOS：开机启动时按【Ctrl+Alt+Del】组合键（或按照屏幕上的提示）。
- AMI BIOS：开机启动时按【Delete】键或【Esc】键（或按照屏幕上的提示）。

BIOS 设置程序中主要的设置选项如下：

- 基本参数设置：系统时钟、显示器类型、启动时对自检错误处理的方式。
- 硬盘驱动器设置：是否自动监测 IDE 接口、启动引导顺序、软盘/硬盘/光驱参数。
- 键盘设置：加电时是否检测键盘、键盘类型、按键重复速率、按键延迟等。
- 存储器设置：存储器容量、读/写时序、奇偶校验、ECC 校验、内存测试等。
- Cache 设置：内/外 Cache、Cache 地址/大小、BIOS 显卡 Cache 设置等。
- ROM Shadow 设置：ROM BIOS Shadow、Video RAM Shadow、各种接口卡上的 ROM/RAM Shadow 等。
- 安全设置：防病毒、硬盘分区表保护、开机口令、Setup 口令等。
- 总线参数设置：AT 总线时钟、AT 周期等待状态、内存读/写定时、Cache 读/写定时、DRAM 刷新周期、刷新方式等。
- 电源管理设置：进入节能状态的等待延时时间、唤醒功能、IDE 设备断电方式、显示器断电方式等。
- PCI 总线设置：即插即用功能设置、PCI 插槽 IRQ 中断请求号、PCI IDE 接口 IRQ 中断请求号、CPU 向 PCI 写入缓冲、总线字节合并、PCI IDE 触发方式、PCI 突发写入、CPU 与 PCI 时钟比率等。
- 主板集成接口设置：主板上的 FDC 软驱接口，串/并口、IDE 接口的允许/禁止状态、串/并口 I/O 地址、IRQ 及 DMA 设置、USB 接口等。
- 其他参数设置：快速加电自检、A20 地址线选择、加电自检故障提示、系统引导速度等。

2. 硬件参数设置

仔细检查硬件安装是否正确，无误后打开电源开关，按热键进入 BIOS 设置程序，弹出的选项菜单，如图 1-22 所示。

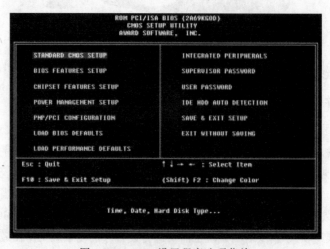

图 1-22　BIOS 设置程序选项菜单

在图 1-22 所示界面中，可进入相应的菜单选项进行相应的设置。设置完成后，选择 Save & Exit Setup，按【Y】键保存修改的值并退出设置程序。表 1-1 给出了 Award BIOS 的参数设置值，未列出的参数均使用默认值。

表 1-1 Award BIOS 设置选项

选　　项	设　置　值	备　　注
Standard CMOS Features		
Date	当前日期	
Time	当前时间	
IDE Primary Master	自动检测	
IDE Primary Slave	NONE	
IDE Secondary Master	自动检测	
IDE Secondary Slave	NONE	
Advanced BIOS Features		
Anti–Virus Protection	Disabled	
CPU L1&L2 Cache	Enabled	
Quick Power On Test	Enabled	
First Boot Device	CDROM	安装 OS 后设置为 Hard Disk
Second Boot Device	Hard Disk	安装 OS 后设置为 CDROM
Third Boot Device	Floppy	
Boot Other Device	Disabled	
Swap Floppy Drive	Disabled	
Boot Up Floppy Seek	Disabled	
Gate A20 Option	Fast	
APIC Mode	Disabled	仅用于 Windows 2000/XP
OS Select For DRAM>64MB	Non – OS2	
Advanced Chipset Features		
DRAM Timing Settings		
SDRAM CAS Latency Time	3 or 2	质量好的内存选 2，否则选 3
SDRAM Cycle Time	5	
SDRAM RAS – to – CAS Delay	3	
SDRAM RAS Precharge Time	3	
System BIOS Cacheable	Enabled	
Video BIOS Cacheable	Enabled	
Memory Hole at 15M – 16M	Disabled	
Delay Transation	Disabled	
AGP Transfer Mode	Auto	
Integrated Perpherals		
Onboard IDE Function		
On – Chip Primary PCI IDE	Enabled	
On – Chip Secondary PCI IDE	Enabled	
IDE Primary Master PIO	Auto	
IDE Primary Slave PIO	Auto	
IDE Secondary Master PIO	Auto	
IDE Secondary Slave PIO	Auto	
IDE Primary Master UDMA	Auto	

续表

选　　项	设　置　值	备　　注
IDE Primary Slave UDMA	Auto	
IDE Secondary Master UDMA	Auto	
IDE Secondary Slave UDMA	Auto	
IDE 32 – bit Transfer Mode	Enabled	
IDE HDD Block Mode	Enabled	
Delay For HDD（Seconds）	3	
Onboard Device Function		
USB Controller	Enabled	
USB keyboard legacy Support	Disabled	
AC97 Audio	Auto	用外置声卡时设置为 Disabled
AC97 Modem	Disabled	
Onboard Super IO Function		
Onboard FDD Controller	Enabled	
Onboard Serial Port1	3F8 / IRQ4	
Onboard Serial Port2	2F8 / IRQ3	
UART Mode Select	Normal	
Onboard Parallel Port	378 / IRQ7	
Parallel Port Mode	ECP+EPP	
EPP Mode Select	EPP1.7	
ECP Mode Use DMA	3	
Init Display First	AGP	
Power On Function	Button Only	
Power Loss Function	Always Off	
Power Management Setup	全部默认值	
PnP/PCI Configurations		
Reset Configuration Data	Disabled	
Resources Controlled By	Auto（ESCD）	
PCI/VGA Palette Snoop	Disabled	
Assign IRQ For VGA	Enabled	
Miscellaneous Control		
Auto Detect PCI Clock	Enabled	
Spread Spectrum	Disabled	
Host/PCI Clock at Next Boot is	100/33 MHz	
DRAM Clock at Next Boot is	100 MHz	
PCI Clock Ratio	Host / 3	

实验二 | Windows 7 的安装

【实验目的】

掌握 Windows 7 操作系统的安装过程。

【实验内容】

（1）了解 Windows 7 操作系统的基本硬件配置要求。

（2）安装 Windows 7 操作系统。

【实验步骤】

一、Windows 7 操作系统的基本硬件配置要求

具体要求如表 2-1 所示。

表 2-1 Windows 7 操作系统的基本硬件配置要求

名　称	最低配置要求	理想配置要求
CPU	1 GHz 32 位或者 64 位处理器	Intel 酷睿 i3 530
内存	1GB 及以上	2GB 及以上
硬盘	16GB 以上（主分区，NTFS 格式）	500GB 7 200 转
显卡	支持 DirectX 9 128MB 及以上（开启 AERO 效果）	1GB 显存以上
光驱	8×以上 CD-ROM	16×以上 CD-ROM

二、在何种情况下需要安装系统

一般在以下情况下，需要安装操作系统：

（1）新购买的计算机尚未安装操作系统。

（2）由于种种原因，例如用户误操作或病毒、木马程序破坏，系统中的重要文件受损导致错误甚至崩溃而无法启动，此时就得重装系统了。有些时候，系统虽然运行正常，但不定期出现某个错误，与其费时费力去查找，不如重装系统。

（3）一些计算机爱好者希望始终保持系统的最优状态。即使系统运行正常，也需要定期重装系统，这样就可以避免系统臃肿不堪，同时可以让系统在最优状态下工作。

三、安装中文版 Windows 7

（1）用 Windows 7 系统光盘引导系统。

将 Windows 7 安装光盘放入光驱，如果启动时系统读取光盘并提示 Press any key to boot from CD..，立即按任意键进入安装。如果还是进入旧系统，说明没有设置光驱为第一启动设备，其设

置方法如下：

① 开机进入 CMOS 设置界面。

② 选择 Advanced BIOS Features 选项。

③ 按【Enter】键并选择 First Boot Device 选项。

④ 利用【Page Up】键或【Page Down】键，将它更改为 CDROM。

⑤ 按【F10】键并按【Enter】键保存设置并退出 BIOS 设置，重新启动计算机。

Windows 7 系统光盘自启动后，弹出 Windows 7 安装界面，按【Enter】键，安装 Windows 7，如图 2-1 所示。

图 2-1　Windows 7 安装界面

（2）阅读 Windows 7 许可协议。按【F8】键接受协议，如图 2-2 所示。

（3）进入安装类型选择界面，如图 2-3 所示，选择"自定义（高级）"选项进入创建分区界面。

（4）磁盘分区操作，如图 2-4 所示。

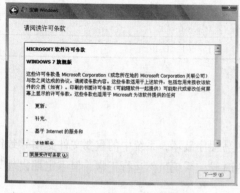

图 2-2　Windows 7 许可协议

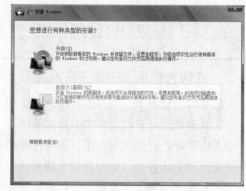

图 2-3　磁盘分区

① 建立分区。双击"新建"选项，输入适当大小，按【Enter】键建立第一个分区。

② 如果硬盘已分区或不想重建分区，可直接跳过这一步。

重复上次操作，双击"新建"选项。输入适当大小，按【Enter】键建立第二个分区。

◎注意

目前假定共分两个区。如果硬盘空间为 80 GB，可分为 20 GB、20 GB、20 GB、20 GB，这样可以用 C 区安装系统，D 区用来安装软件，E 区用来存储个人文档，F 区用来备份。

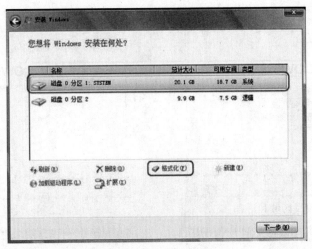

图 2-4　创建分区界面

③ 删除分区，在新建分区界面选中要删除的分区，按【Delete】键。

（5）选择 Windows 7 将要安装到的分区，如图 2-5 所示。如在 C 盘安装 Windows 7 操作系统，则选中"C: 分区 1"后，单击"下一步"按钮。

（6）安装 Windows 7。系统自动进入 Windows 7 安装界面，安装系统如图 2-6 所示。

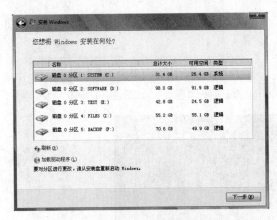

图 2-5　选择要安装操作系统的分区

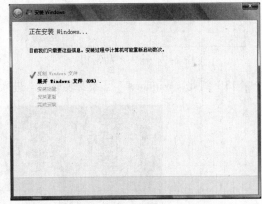

图 2-6　进入 Windows 7 安装界面

（7）设置区域和语言。安装程序将检测和安装设备，在此过程中，将弹出区域和语言选项对话框，如图 2-7 所示。这里通常采用默认设置；单击"下一步"按钮。

（8）设置用户名，如图 2-8 所示。

（9）输入产品密钥，如图 2-9 所示。

（10）输入计算机名和系统管理员密码（Administrator 用户），可以设置，也可以不设置。

（11）设置日期和时间，采用默认设置即可，如图 2-10 所示。

（12）最后进入到设置 Windows 界面，系统自动完成 Windows 7 的设置。

图 2-7   设置区域和语言

图 2-8   设置用户名

图 2-9   输入产品密钥

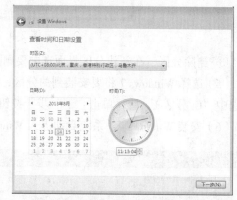

图 2-10   设置日期和时间

（13）到此，Windows 7 已经安装成功。进入 Windows 7 操作界面，如图 2-11 所示。

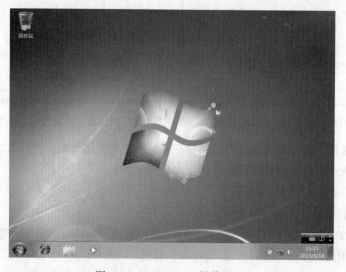

图 2-11   Windows 7 操作界面

实验三 | Windows 7 基本操作

【实验目的】

（1）理解 Windows 7 操作系统的工作原理。

（2）掌握 Windows 7 的基本操作方法。

【实验内容】

（1）Windows 7 的启动、注销与关闭。

（2）Windows 7 桌面的基本操作。

（3）任务栏的基本操作。

（4）窗口的基本操作。

（5）对话框的基本操作。

（6）菜单的基本操作。

（7）应用程序的启动与切换。

（8）闪存盘的基本操作。

【实验步骤】

一、Windows 7 的启动、注销与关闭

1．Windows 7 的启动

接通计算机的电源，依次打开显示器电源开关和主机电源开关，安装了 Windows 7 的计算机就会自动启动，计算机自检后将显示欢迎界面，几秒后将看到 Windows 7 的桌面，如图 3-1 所示。

2．Windows 7 的注销

由于中文版 Windows 7 是一个支持多用户的操作系统，当登录系统时，只需要在登录界面上单击用户名前的图标，即可实现多用户登录，各个用户可以进行个性化设置而互不影响。

为了便于不同的用户快速登录并使用计算机，中文版 Windows 7 提供了注销功能。应用注销功能，用户不必重新启动计算机就可以实现多用户登录，这样既快捷方便，又减少了对硬件的损耗。具体操作步骤如下：

（1）当用户需要注销时，单击"开始"按钮，在"开始"菜单中单击"关机"右侧的按钮，在打开的菜单中选择"注销"命令即可实现注销，如图 3-2 所示。

（2）"注销"后，用户可以不关闭正在运行的程序，而当再次返回系统时会恢复原来的状态。

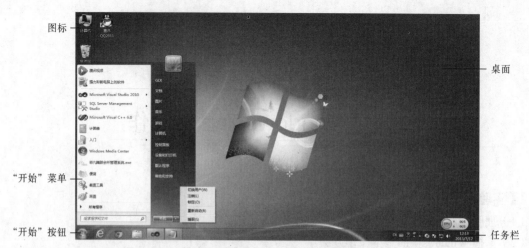

图 3-1　Windows 7 的桌面及开始菜单

图 3-2　"注销 Windows"对话框

3. 关闭计算机

当用户要结束对计算机的操作时，一定要先退出 Windows 7 系统，然后关闭显示器。如果用户在没有退出 Windows 7 系统的情况下就关机，系统将认为是非法关机，甚至会丢失文件或破坏程序，而且当下次再开机时，系统会自动执行自检程序。

当不再使用计算机时，可单击"开始"按钮，在"开始"菜单中单击"关机"按钮，这时系统会弹出一个"关闭计算机"菜单列表，用户可在此做出选择，如图 3-3 所示。

图 3-3　关闭计算机

切换用户：如果您的计算机上有多个用户账户，则另一用户登录该计算机的便捷方法是使用"快速用户切换"，该方法不需要注销或关闭程序和文件。

注销：从 Windows 注销后，正在使用的所有程序都会关闭，但计算机不会关闭。注销后，其他用户可以登录而无须重新启动计算机。此外，无须担心因其他用户关闭计算机而丢失您的信息。

重新启动：如果最近安装的程序、设备或驱动程序阻止 Windows 正常运行，则可以在安全模式下启动计算机，然后删除出现问题的程序。

"睡眠"是一种节能状态，当再次开始工作时，可使计算机快速恢复全功率工作（通常在几秒之内）。让计算机进入睡眠状态就像暂停 DVD 播发机一样：计算机会立即停止工作，并做好继续工作的准备。

"休眠"是一种主要为便携式计算机设计的电源节能状态。睡眠通常会将工作和设置保存在内存中并消耗少量的电量，而休眠则将打开的文档和程序保存到硬盘中，然后关闭计算机。在 Windows 使用的所有节能状态中，休眠使用的电量最少。对于便携式计算机，如果有很长一段时间不使用它，并且在那段时间不可能给电池充电，则应使用休眠模式。

"关机"：Windows 会保存所有运行中的程序的状态，把所有程序都关闭，并保存到硬盘中，然后彻底切断电脑的电源。

二、Windows 7 桌面的基本操作

"桌面"就是在安装好中文版 Windows 7 后，用户启动计算机登录到系统后看到的整个屏幕界面，如图 3-4 所示。它是用户和计算机进行交流的窗口，上面可以存放经常用到的应用程序和文件夹图标。通过桌面，用户可以有效地管理自己的计算机。

图 3-4　Windows 7 的桌面

1. 桌面图标说明

"图标"是指在桌面上排列的小图像，它包含图形和说明文字两部分。将鼠标指针放在图标上停留片刻，桌面上会弹出对图标所表示内容的说明或者是文件存放路径，双击图标就可以打开相应的内容。

（1）"文档"图标：用于管理"文档"文件夹中的文件和文件夹，可以保存信件、报告和其他文档，它是系统默认的文档保存位置。

（2）"计算机"图标：用户通过该图标可以实现对计算机硬盘驱动器、文件夹和文件的管理，在其中用户可以访问连接到计算机的硬盘驱动器、照相机、扫描仪和其他硬件以及有关信息。

（3）"回收站"图标：回收站用于暂时存放用户已经删除的文件或文件夹等，当用户还没有清空回收站时，可以从中还原删除的文件或文件夹。

（4）Internet Explorer 图标：双击该图标可以打开 Microsoft 的 IE 浏览器，可以方便地浏览互联网上的信息。

2. 创建桌面图标

桌面上的图标实质上是打开各种程序和文件的快捷方式，可以在桌面上创建自己经常使用的程序或文件的图标，这样使用时直接在桌面上双击即可快速启动该项目。

创建桌面图标可执行下列操作：

（1）右击桌面的空白处，在弹出的快捷菜单中选择"新建"命令。

（2）选择"新建"子菜单中的命令，可以创建各种形式的图标，如文件夹、快捷方式、文本文档等，如图 3-5 所示。

（3）当用户选择了所要创建的选项后，桌面上会显示相应的图标，用户可以为它重命名，以便于识别。

其中，若选择"快捷方式"命令，将弹出一个"创建快捷方式"向导，该向导会帮助用户创建本地或网络程序、文件、文件夹、计算机或 Internet 地址的快捷方式，可以手动输入项目的位置，也可以单击"浏览"按钮，在打开的"浏览文件夹"窗口中选择快捷方式的目标，确认后，即可在桌面上建立相应的快捷方式。

3. 重命名与删除图标

若要给图标重新命名，可执行下列操作：

（1）在需要重命名的图标上右击，在弹出的快捷菜单中选择"重命名"命令，如图 3-6 所示。

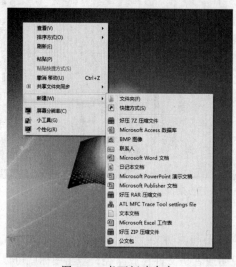

图 3-5　桌面新建命令

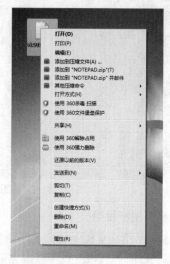

图 3-6　重命名图标

（2）当图标的文字说明呈反色突出显示时，用户可以输入新名称，然后在桌面上的任意位置单击，即可完成图标的重命名操作。

桌面图标失去使用价值时，就需要删除。同样，在需要删除的图标上右击，在弹出的快捷菜单中选择"删除"命令；也可以在桌面上选中该图标，然后在键盘上按【Delete】键直接删除。

选择删除命令后,系统会弹出一个对话框询问用户是否确实要删除图标并移入回收站。若单击"是"按钮,则删除生效;若单击"否"按钮或者是单击对话框的关闭按钮,则取消删除操作。

三、任务栏的基本操作

任务栏是位于桌面底部的一个细长条,显示了系统正在运行的程序和打开的窗口、当前时间等内容。用户可以通过任务栏完成许多操作,而且可以对任务栏进行一系列的设置。通常任务栏可分为"开始"按钮、快速启动工具栏、窗口按钮栏和通知区域等几部分,如图 3-7 所示。

图 3-7　Windows 7 的任务栏

1."开始"按钮

单击此按钮,可以打开"开始"菜单,在用户操作过程中,要用它打开大多数的应用程序。

2.快速启动工具栏

快速启动工具栏由一些小型的按钮组成,单击可以快速启动程序。一般情况下,它包括网上浏览工具 Internet Explorer 按钮、收发电子邮件的程序 Outlook Express 按钮和"显示桌面"按钮等,用户可以自由在任务栏锁定某一图标。

3.窗口按钮栏

当用户启动某项应用程序而打开一个窗口后,任务栏上会显示相应的按钮,表明当前程序正在被使用。正常情况下,当前程序对应的按钮是向下凹陷的,而把程序窗口最小化后,按钮则是向上凸起的。

4.语言栏

用户可以在此选择各种语言输入法。单击按钮,在弹出的菜单中可以选择中文输入法。语言栏可以最小化,以按钮的形式在任务栏上显示,单击右上角的"还原"按钮,它也可以独立于任务栏之外。

5.隐藏/显示按钮

按钮的作用是隐藏不活动的图标和显示隐藏的图标。如果用户在任务栏属性中选中"隐藏不活动的图标"复选框,系统会自动将用户最近没有使用过的图标隐藏起来,以使任务栏的通知区域不至于很杂乱,隐藏图标时系统会弹出一个屏幕提示提醒用户。

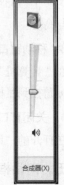

6.音量控制器

音量控制器在工具栏中为小喇叭形状的图标,单击它后会弹出一个音量控制器,如图 3-8 所示,用户可以拖动上面的滑块来调整扬声器的音量。单击" 🔊 "按钮之后,扬声器的声音即被关闭。

7.日期指示器

任务栏的右端显示了当前的时间,将鼠标指针在上面停留片刻,会显示当前日期,双击后打开"日期和时间属性"对话框,在"时间和日期"选项卡中,可以完成时间和日期的校正。

图 3-8　音量控制器

四、窗口的基本操作

在 Windows 操作系统中，大部分应用程序都是以窗口界面面向用户。下面以"计算机"窗口为例，说明窗口的基本操作，如图 3-9 所示。

1．打开窗口

在桌面上双击"计算机"图标，打开"计算机"窗口。

图 3-9　"计算机"窗口

2．调整窗口大小

（1）最大化窗口。在打开的"计算机"窗口中，单击标题栏上的"最大化"按钮，则窗口扩大为充满整个屏幕，同时"最大化"按钮转变为"还原"按钮。

（2）还原窗口。在最大化的"计算机"窗口中单击"还原"按钮，则窗口恢复到最大化之前的大小。

（3）最小化窗口。在打开的"计算机"窗口中单击"最小化"按钮，则窗口缩小为任务栏上的一个按钮；单击任务栏上的"计算机"按钮，则恢复"计算机"窗口。

（4）使用窗口边框调整窗口大小。在"计算机"窗口中，移动鼠标指针到窗口右边框上，当鼠标指针形状转变为一个水平的双向箭头时，拖动窗口边框在水平方向上移动，可调整窗口的宽度；移动鼠标指针到窗口下边框上，当鼠标指针形状转变为一个垂直的双向箭头时，拖动窗口边框在垂直方向上移动，可调整窗口的高度；移动鼠标指针到窗口右下角边框上，当鼠标指针形状转变为一个 135° 的双向箭头时，拖动窗口边框向左上角或右下角方向移动，可同时调整窗口的宽度与高度。

3．移动窗口

在"计算机"窗口中，当标题栏上显示有"最大化"按钮时，即窗口处于还原状态时，拖动窗口标题栏到目标位置，则窗口被移动到目标位置。

4．关闭窗口

在打开的"计算机"窗口中，单击标题栏上的"关闭"按钮，即可关闭"计算机"窗口。

五、对话框的基本操作

对话框在 Windows 7 中占有重要的地位，是用户与计算机系统之间进行信息交流的工具。

1．对话框的组成

对话框的组成与窗口相似，对话框比窗口简洁、直观，侧重于与用户的交流。对话框一般包含标题栏、选项卡、文本框、列表框、命令按钮、单选按钮和复选框等多种组成部分，如图 3-10 所示。

（1）标题栏：位于对话框的最上方，默认为深蓝色，左侧标明了该对话框的名称，右侧有"关闭"按钮，有的对话框还有"帮助"按钮。

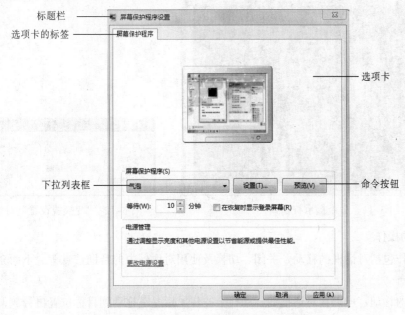

图 3-10 "屏幕保护程序设置"对话框

（2）选项卡和标签：系统中有很多对话框都是由多个选项卡构成的，选项卡上端标明了标签，以便于进行区分。用户可以通过在各个选项卡之间切换来查看不同的内容。选项卡中通常有不同的选项组。例如，"显示 属性"对话框中包含"主题"、"桌面"等 5 个选项卡，"屏幕保护程序"选项卡中又包含"屏幕保护程序"和"监视器的电源"两个选项组。

（3）命令按钮：指对话框中带有文字的圆角矩形按钮，常用的有"确定"、"应用"、"取消"等。

（4）列表框：列表框中列出了众多选项，用户可以从中选取，但通常不能更改。如"显示属性"对话框中的"桌面"选项卡，"背景"列表框中列出了系统自带的多张图片。

（5）单选按钮：它通常是一个小圆形，其后面有相关的文字说明，选中后，圆形中间会出现一个绿色的小圆点。对话框中通常是一个选项组中包含多个单选按钮，当选中其中一个后，其他选项自动取消选择。

（6）复选框：它通常是一个小正方形，在其后面也有相关的文字说明。选中后，正方形中间会出现一个"√"标记，它是可以任意选择的。

（7）文本框：有的对话框中需要用户手动输入某项内容，还可以对各种输入内容进行修改和删除操作。

（8）下拉列表框：一般其右侧会带有下拉按钮，单击下拉按钮，在弹出的下拉列表中选择选项。例如"显示 属性"对话框"屏幕保护程序"选项卡中的"屏幕保护程序"下拉列表框。有的下拉列表框允许输入内容，例如在桌面上单击"开始"按钮，在下面的文本框中输入 cmd，可以打开命令提示符窗口，如图 3-11 所示。

（9）数值框：有的对话框中还有调节数字的按钮，它由向上和向下两个按钮组成，在使用时分别单击按钮即可增加或减少数字，也可直接在数值框中输入数字，如图 3-12 所示。

图 3-11　命令提示符窗口　　　　　　　图 3-12　"变换线设置"对话框

2．对话框的操作

对话框的操作包括对话框的移动、关闭、切换及使用对话框中的帮助信息等。下面介绍对话框的有关操作。

（1）对话框的移动：可以在对话框的标题栏上按住鼠标左键拖动到目标位置再释放，也可以在标题栏上右击，在弹出的快捷菜单中选择"移动"命令，然后在键盘上按方向键来改变对话框的位置，到目标位置时，单击或者按【Enter】键确认，即可完成移动操作。

（2）对话框的关闭：单击"确定"按钮或者"应用"按钮，可在关闭对话框的同时保存用户在对话框中所做的修改；如果用户要取消所做的修改，可以单击"取消"按钮，或者直接在标题栏上单击"关闭"按钮，也可以在键盘上按【Esc】键关闭对话框。

（3）对话框中"选项卡"的切换：有的对话框中包含多个选项卡，每个选项卡中又有不同的选项组。在操作对话框时，可以利用鼠标来切换，也可以使用键盘来实现。

在不同的选项卡之间切换：用户可以直接用鼠标来进行切换，也可以先选择一个选项卡，即该选项卡标签上显示一个虚线框时，按键盘上的方向键来移动虚线框，这样即可在各选项卡之间进行切换。用户还可以利用【Ctrl+Tab】组合键从左到右切换各个选项卡，而按【Ctrl+Shift+Tab】组合键为反向顺序切换。

在相同的选项卡之间切换：要在不同的选项组之间切换，可以按【Tab】键，以从左到右或者从上到下的顺序进行切换，而按【Shift+Tab】组合键则按相反的顺序切换；在相同的选项组之间切换，可以使用键盘上的方向键来完成。

（4）对话框帮助功能：对话框不能像窗口那样任意改变大小，标题栏上也没有最小化、最大化按钮，取而代之的是"帮助"按钮。当用户操作对话框时，如果不清楚某选项组或者按钮的含义，可以在标题栏上单击"帮助"按钮，鼠标指针旁边会显示一个问号，然后用户可以在不明白的对象上单击，就会显示一个对该对象进行详细说明的屏幕提示，在对话框内的任意位置或者屏幕提示内单击，说明文本即消失。用户也可以直接在选项上右击，这时会弹出一个"这是什么？"快捷菜单，单击这个快捷菜单，会得到和使用"帮助"按钮一样的提示。

六、菜单的基本操作

下面以"计算机"窗口为例，说明菜单的基本操作。

1. 打开菜单

移动鼠标指针到"查看"菜单上并单击，可打开"查看"菜单，如图 3-13 所示。

图 3-13 "计算机"窗口中的"查看"菜单

2. 查看菜单

菜单中的命令被横线分隔为若干个组。从上到下移动鼠标指针，浏览"查看"菜单的命令。其中：

（1）命令右边有一个向右的箭头，表示该命令含有子菜单，如"工具栏"命令。

（2）命令左边显示有一个单选标记"●"，表示该命令与同组的命令组成一个单选命令组，每次只能在该组中执行一个命令，如"平铺"命令。

（3）命令左边显示有复选标记"√"，表示该命令与同组的命令组成复选命令组，组中的命令可被同时选中。

（4）命令右边显示有省略号"…"，表示执行该命令将弹出一个对话框，如"选择详细信息"命令。

3. 执行菜单命令

在打开的菜单中单击命令，即可执行该命令。

4. 关闭菜单

打开"查看"菜单，移开鼠标指针到菜单以外的位置并单击，即可关闭打开的菜单。

七、应用程序的启动与切换

1. 应用程序的启动

应用程序的启动有多种方法。以打开应用程序"计算器"为例，具体操作方法有：

方法 1：从"开始"菜单运行应用程序。单击"开始"按钮，在弹出的"开始"菜单中选择"所有程序"→"附件"→"计算器"命令，即可打开"计算器"程序。

方法 2：使用桌面快捷方式运行应用程序。习惯上将常用的应用程序的快捷方式直接放在桌面上，双击即可打开该应用程序。

方法 3：使用"运行"命令运行应用程序。选择"开始"→"所有程序"→"附件"→"运行"命令，打开"运行"对话框，在"运行"文本框中输入要执行的应用程序的完整路径，如"计算器"程序的完整路径 C:\WINDOWS\System32\calc.exe，单击"确定"按钮即可启动"计算器"程序。

2. 应用程序的切换

Windows 7 可以同时运行多个应用程序，任务栏的功能之一是在多个应用程序之间切换。操作步骤如下：

（1）打开多个应用程序。以前面叙述的方法启动应用程序"计算器"，以相同的步骤启动"附件"中的应用程序"画图"和"记事本"。

（2）在多个应用程序之间切换。先后单击任务栏上的"未命名-画图"、"计算器"、"无标题-记事本"按钮，观察到这 3 个应用程序先后成为当前窗口时，其窗口呈现清晰颜色，且处于桌面的最上层。

（3）任务栏快捷菜单操作。右击任务栏空白处，弹出任务栏快捷菜单，如图 3-14 所示。先后选择"层叠窗口"、"堆叠显示窗口"、"并排显示窗口"命令，可观察到运行的应用程序窗口以不同的方式显示。

（4）任务管理器的使用。再次打开任务栏快捷菜单，选择"任务管理器"命令，打开"Windows 任务管理器"窗口，如图 3-15 所示。在其中可观察到正在运行的所有应用程序，选择"计算器"程序后单击"结束任务"按钮；以相同的方式结束"画图"、"记事本"程序后，关闭"Windows 任务管理器"窗口。

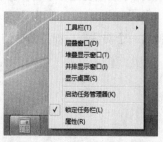

图 3-14　任务栏快捷菜单

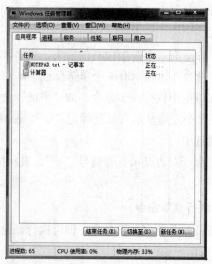

图 3-15　"Windows 任务管理器"窗口

八、闪存盘的基本操作

闪存盘是通过 USB 接口和主机连接的。

1. 闪存盘的插入

将闪存盘插入主机中的 USB 接口，可以在"计算机"或资源管理器窗口中看到"可移动磁盘"图标，就是闪存盘。

2. 闪存盘的移除

双击任务栏右边的"安全删除硬件"图标，在弹出的"安全删除硬件"对话框中选择 USB Mass Storage Device，单击"停止"按钮，再单击"确定"按钮。在系统提示"USB Mass Storage Device 设备现在可以安全地从系统移除"后关闭对话框，并拔出闪存盘。

3. 闪存盘的写保护状态

大多数闪存盘盘身上都设有写保护开关，一般以闭锁与开锁图形表示写保护与未写保护，移动中间的小方块可在两种状态之间切换。闪存盘在写保护状态下只可进行读操作，不允许进行写操作，在未写保护状态下，这两种操作都可以进行。

4. 闪存盘的格式化

在"计算机"或资源管理器窗口中选定"可移动磁盘"图标并右击，从弹出的快捷菜单中选择"格式化"命令，在弹出的"格式化"对话框中设置"容量"、"文件系统"、"卷标"等项，然后单击"开始"按钮。

实验四 | Windows 7 的文件管理

【实验目的】

（1）理解 Windows 7 操作系统中的文件管理方式。

（2）掌握 Windows 7 中对文件和文件夹的基本操作方法。

【实验内容】

（1）Windows 7 文件管理的基本工具——资源管理器的基本操作。

（2）文件的基本操作。

（3）"回收站"窗口的基本操作。

【实验步骤】

文件是一组逻辑上相互关联的信息的集合，用户管理信息时通常以文件为单位。文件可以是一篇文稿，一批数据，一张照片，一首歌曲，也可以是一个程序。管理文件是操作系统的主要功能之一。

一、文件管理工具——资源管理器

资源管理器是常用的 Windows 文件查看和管理工具，和之前的 Windows 版本相比，Windows 7 的资源管理器提供了更加丰富和方便的功能。

Windows 7 的"资源管理器"用于管理本地计算机的所有资源和网上邻居提供的共享资源，这些资源包括文件和文件夹、驱动器、打印机、控制面板、计划任务等，它是系统的资源管理中心。

1. 启动"资源管理器"

启动"资源管理器"的常用方法有以下 3 种：

方法 1：单击"开始"按钮，选择"所有程序"→"附件"→"Windows 资源管理器"命令。

方法 2：在桌面上双击"计算机"图标，或者右击桌面上的"计算机"图标出现如图 4-1 所示的快捷菜单中选择"打开"命令，出现 "计算机"窗口，即为"资源管理器"，因为 Windows 7 系统本质上"资源管理器"和"计算机"的各项功能完全一模一样。

如果 Windows 7 桌面没有"计算机"图标，在桌面空白的地方右击，出现的快捷菜单如图 4-2 所示，选择"个性化"命令，出现如图 4-3 所示的窗口，在此窗口中单击左边"更改桌面图标"链接，这样就出现如图 4-4 所

图 4-1 "计算机"上右键菜单

示的设置图标对话框，选择目标显示项目单击"确定"按钮后，在 Windows 7 桌面就会出现我们熟悉的"计算机"图标了。

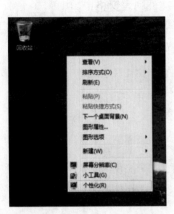

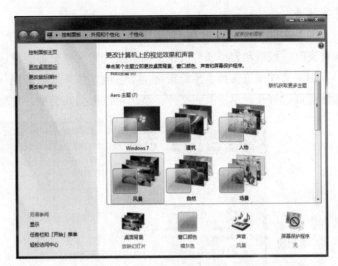

图 4-2　桌面空白处右键菜单　　　　　图 4-3　控制面板个性化设置窗口

方法 3：在"开始"按钮上右击，在弹出的快捷菜单中选择"打开 Windows 资源管理器"命令，如图 4-5 所示。

图 4-4　桌面图标设置对话框　　　　图 4-5　开始按钮上右键菜单进入资源管理器方式

2．资源管理器的功能与窗口组成

资源管理器是 Windows 7 系统提供的资源管理工具，可以用它查看本台计算机的所有资源，特别是它提供的树形的文件系统结构，使我们能更清楚、更直观地认识计算机的文件和文件夹，这是"计算机"所没有的。在实际的使用功能上"资源管理器"和"计算机"没有什么不一样的，两者都是用来管理系统资源的，也可以说都是用来管理文件的。另外，在"资源管理器"中还可以对文件进行各种操作，如：打开、复制、移动等。

资源管理器窗口是一个普通的应用程序窗口，如图 4-6 所示，除了有一般窗口的通用部分外，还将窗口工作区分成以下 3 个部分：

（1）"文件夹"窗格。"文件夹"窗格位于左侧，默认情况下显示了一个层次分明的树形文件夹结构，最高层次是"桌面"，下一层次包括"计算机"、"文档"、"网上邻居"和"回收站"等系统文件夹。

（2）文件列表窗格。文件列表窗格位于中间。当用户在"文件夹"窗格中选择一个驱动器或文件夹时，该驱动器或文件夹中的所有文件和文件夹都会显示在文件列表窗格中。

（3）文件预览窗格。预览窗格位于右侧，如果没有出现，可以单击"资源管理器"窗口右上角图标可以打开。单击某一文件，系统可以根据其类型，自动预览打开显示。

图 4-6　资源管理器窗口

在 Windows 7 资源管理器中，我们可以使用高效搜索框、库功能、灵活地址栏、丰富视图模式切换、预览窗格等，有效地帮助我们提高文件操作效率。

3. 资源管理器窗口显示方式设置

用户可根据需要设置资源管理器窗口的显示方式。通过操作 Windows 7 资源管理器窗口下拉菜单进行操作，如果菜单没有出现，可以单击工具栏中的"组织"→"布局"→"菜单栏"命令打开，如图 4-7 所示。

（1）调整左右窗格大小。把鼠标指针移动到左、右窗格中间的分隔线上，此时，鼠标指针变成"↔"形状，拖动鼠标就可移动分隔条。

（2）显示或隐藏状态栏。选择"查看"→"状态栏"命令，可以显示或隐藏状态栏，如图 4-8 所示。

（3）改变对象查看方式。"查看"菜单中主要有常用的 6 个命令："超大图标"、"大图标"、"小图标"、"列表"、"详细资料"和"缩略图"，它们是资源管理器中对象的 6 种显示方式。这组命令是单选项，每次只能选择一种显示方式，选中的命令前有"●"符号，这时右窗格中的对象就按选定的方式显示，如图 4-8 所示。

图 4-7　资源管理器窗口菜单栏的
打开或者关闭

单击工具栏中"查看"按钮旁边的下拉按钮，也可以弹出含有该 6 个命令的菜单，如图 4-9 所示。

（4）文件排序方式的设置。为了方便用户查找文件，资源管理器提供了几种不同的文件排序方式，分别是按名称、类型、大小和修改日期排列文件。用户可选择其中任意一种排序方式。

　　操作方法是：选择"查看"→"排序方式"命令，其子菜单中有排列方式命令，如图 4-10 所示。其中"列表"命令被选中时，窗口中的文件图标被用户随意拖动或者文件、文件夹被重新命令名，资源管理器可将其文件、文件夹按照某一规则自动重新排列。

图 4-8　状态栏的显示与隐　　　图 4-9　工具栏中"查看"　　　图 4-10　文件排序方式
　　藏与对象查看方式　　　　　按钮旁边的下拉按钮　　　　　　的设置

　　（5）设置"详细资料"包含的内容。选择"查看"→"选择详细信息"命令，弹出图 4-11 所示的对话框，选中需要显示的内容，其中"属性"选项可以帮助用户查看文件的属性，是常用的选项。单击"确定"按钮关闭对话框，当用户按"详细信息"方式显示文件信息时，即可列出刚指定的参数。该命令对于系统文件夹无效。

　　（6）文件夹选项。用户可以指定是否显示文件的扩展名和那些被设置为隐藏属性的文件。选择"工具"→"文件夹选项"命令，弹出图 4-12 所示的"文件夹选项"对话框，选择其中的"查看"选项卡，在"隐藏文件和文件夹"项目下面选中"显示所有文件和文件夹"单选按钮，再取消选择"隐藏已知文件类型的扩展名"复选框，单击"确定"按钮关闭对话框，就可以显示隐藏文件和全部文件的扩展名了。设置文件的列表方式（如以小图标方式显示）通常只对当前文件夹有效，要使其他文件夹使用当前设置，可以单击该对话框中的"应用到所有文件夹"按钮。其他选项也都是与资源管理器的显示内容有关的，用户可根据需要设置。

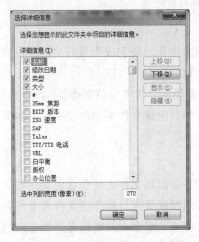
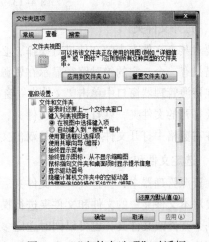

图 4-11　"选择详细信息"对话框　　　　　图 4-12　"文件夹选项"对话框

在对话框的"常规"选项卡中，可以设置"在同一窗口中打开每个文件夹"或"在不同窗口中打开不同的文件夹"。如果设置为"在不同窗口中打开不同的文件夹"，则每打开一个文件夹将启动一个新的窗口。默认设置是"在同一窗口中打开每个文件夹"。

二、文件的基本操作

文件的移动、复制、删除和重命名等操作是用户在使用计算机的过程中经常用到的，资源管理器是 Windows 7 中完成这些操作最方便的工具之一。在使用时，用户要掌握一个原则，即资源管理器中任何对文件的操作都是先选定对象，然后执行命令。

1. 展开和折叠文件夹

资源管理器的"文件夹"窗格中列出了系统文件夹名，其中某些文件夹可能还包含多级子文件夹。用户要展开该文件夹，才能显示它下面的子文件夹。当文件夹折叠时，不显示它下面的子文件夹。

在"文件夹"窗格中，文件夹图标前有 ▷📁 标识，表示该文件夹可以展开，双击文件夹图标或单击 ▷📁 即可展开文件夹；当一个含有子文件夹的文件夹被展开后，它前面的标识由 ▷📁 变为 ◢📁，表示该文件夹已被展开，再双击文件夹图标或单击 ◢📁 可以折叠文件夹，如图 4-13 所示。

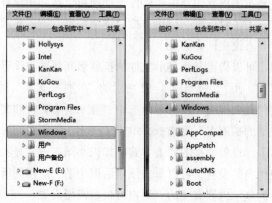

图 4-13　文件夹的展开与折叠

2. 打开文件夹

要对某个文件夹中的文件进行操作，必须先打开该文件夹，使它成为当前文件夹。当前文件夹总是只有一个，它的绝对路径显示在资源管理器的地址栏中。

在资源管理器窗口中单击"文件夹"窗格中的驱动器图标，选定当前驱动器，再滚动左窗格，单击要打开的文件夹，就打开了该文件夹，此时右窗格中列出该文件夹中的子文件夹和文件。

在右窗格中打开文件夹的方法是双击文件夹图标。

3. 选定文件和文件夹

在资源管理器中，当打开一个文件夹后，右窗口中显示出该文件夹所包含的文件和文件夹。假如要对本文件夹中的文件和文件夹进行操作，首先必须选定要进行操作的文件和文件夹。可以选定一个文件或文件夹，也可以同时选定多个文件和文件夹，多个文件可以是连续显示的，也可以是不连续的。针对不同的情况有不同的选择方法。

（1）选择单个文件或文件夹。单击要选择的文件或文件夹的图标，就可以选定该文件或文件夹。该文件或文件夹突出显示。例如，选定 C:\Music 文件夹中的文件 04.mp3。

（2）选择连续显示的多个文件。首先选定第一个要选择的文件或文件夹，然后按住【Shift】键单击最后一个要选择的文件或文件夹，则从第一个要选择的文件或文件夹开始到最后一个要选择的文件或文件夹之间的所有文件或文件夹都被选中。被选中的文件和文件夹突出显示。例如，选定 C:\Music 文件夹中的文件 03.mp3～10.mp3 共 8 个连续显示的文件。

（3）选择不连续的多个文件。单击第一个要选定的文件或文件夹，然后按住【Ctrl】键，单击其他要选定的文件或文件夹。被选中的文件和文件夹均突出显示。例如，选定 C:\Music 文件夹中的文件 02.mp3、04.mp3、07.mp3、11.mp3 共 4 个不连续显示的文件。

（4）全部选定。选择"编辑"→"全部选定"命令，或按【Ctrl+A】组合键，则当前文件夹中的所有文件和文件夹都被选定。所有的文件和文件夹均突出显示。例如，选定 C:\Music 文件夹中所有的文件和文件夹。

要取消文件和文件夹的选定，可在窗口空白处单击，则放弃本次选定操作。

4．创建文件夹

用户可以在磁盘中的任何文件夹中创建新的文件夹，但要注意在同一个文件夹中，不能同时存在两个名称相同的文件夹或文件。例如，在 C:\Music 文件夹中创建名为 new 的文件夹。

创建文件夹的操作步骤是：

（1）打开 C:\Music 文件夹。

（2）选择"文件"→"新建"→"文件夹"命令，右窗格中将显示一个新的文件夹，默认名称是"新建文件夹"，该名称处于编辑状态，如图 4-14 所示。

图 4-14　创建文件夹

（3）在新的文件夹名处于编辑状态时，直接输入一个名称，将新建文件夹名称改为指定名称。

5．为文件或文件夹重命名

用户随时可以为已存在的文件或文件夹重命名。

方法 1：菜单方式。

（1）选中要重新命名的文件或文件夹。

（2）选择"文件"→"重命名"命令，被选中的文件夹或文件名称自动加上了一个方框，并处于编辑状态。

（3）输入新的名称，按【Enter】键或单击窗口的空白处，即可完成重命名。

方法 2：直接方式。

单击两次（不是双击）文件或文件夹名称后，文件或文件夹名称即处于编辑状态，输入新的名称即可。

方法 3：快捷键方式。

选中文件或文件夹后直接按【F2】键，文件或文件夹名称即处于编辑状态，输入新的名称即可。

6. 移动、复制文件和文件夹

复制或移动文件和文件夹是指将文件和文件夹从原来的位置（源地址）复制或移动到一个新的位置（目的地址）。Windows 7 一次可移动或复制一个或多个文件和文件夹，被复制或移动到目的地址后，文件和文件夹的名称不变。如果系统发现目的地址中已有同名的文件或文件夹存在，将弹出一个"确认文件替换"对话框，询问用户是否替换。复制或移动文件和文件夹可用鼠标拖动完成，也可用菜单命令或工具栏中的按钮完成。

（1）用拖动鼠标操作。选定要复制或移动的文件和文件夹，移动鼠标指针到任意一个选定的文件上，按住鼠标左键拖动文件到目的文件夹，释放鼠标即可完成文件和文件夹的移动或复制。在拖动过程中，鼠标指针上带有 ⊞ 号，表示复制操作，不带 ⊞ 时表示移动操作。

◎说明

> 若源地址与目的地址位于同一逻辑磁盘，按住鼠标左键拖动文件时鼠标指针上不带 ⊞，表示移动操作；相反，若源地址与目的地址位于不同逻辑磁盘，按住鼠标左键拖动文件时鼠标指针上带有 ⊞，表示复制操作。

【Ctrl】键+拖动鼠标：在拖动鼠标的过程中，按住【Ctrl】键不放，无论源地址与目的地址是否在同一逻辑磁盘，都将完成文件和文件夹的复制操作。

【Shift】键+拖动鼠标：在拖动鼠标的过程中，按住【Shift】键不放，无论源地址与目的地址是否在同一逻辑磁盘，都将完成文件和文件夹的移动操作。

右键拖动鼠标操作：选定要复制或移动的文件和文件夹，移动鼠标指针到任意一个选定的文件上，按住鼠标右键拖动文件到目的文件夹，释放鼠标时，将弹出一个快捷菜单，可以选择想要进行的操作，如图 4-15 所示。

（2）使用菜单命令。选定要复制或移动的文件和文件夹；如果要进行复制操作，则选择"编辑"→"复制到文件夹"命令，在弹出的对话框中选定目的文件夹，单击"复制"按钮，如图 4-16 所示；如果要进行移动操作，则选择"编辑"→"移动到文件夹"命令，在弹出的对话框中选定目的文件夹，单击"移动"按钮。

（3）使用剪贴板操作。选定要复制或移动的源文件和文件夹；如果要进行移动操作，则选择"编辑"→"剪切"命令，或按【Ctrl+X】组合键；如果要进行复制操作，则选择"编辑"→"复制"命令，或按【Ctrl+C】组合键；选定目的文件夹，选择"编辑"→"粘贴"命令，或按【Ctrl+V】组合键，即可完成指定文件或文件夹的复制或移动操作。

图 4-15　右键拖动实现文件的复制/移动

图 4-16　"复制项目"对话框

7. 删除文件和文件夹

删除磁盘中不再有用的文件和文件夹，可以释放磁盘空间。被删除的文件和文件夹通常只是被放入回收站，只要回收站没有清除，这些文件还可以恢复。只有当回收站中的文件和文件夹被清除后，文件和文件夹才真正被删除。

常用删除文件和文件夹的方法有下面几种：

方法 1：选定要删除的文件和文件夹，选择"文件"→"删除"命令，弹出"确认文件删除"对话框。单击"是"按钮，被删除的文件和文件夹移到回收站。

方法 2：将选中的文件或文件夹直接拖动到桌面上的"回收站"图标上，释放鼠标，同样可以实现文件的删除。

方法 3：选定要删除的文件和文件夹，按【 Delete 】键，可以将文件放入回收站；按【 Shift+Delete 】组合键，则直接将文件彻底从磁盘删除，而不再将文件放入回收站。

8. 设置文件或文件夹属性

用户可以为普通存档文件设置属性，可设置的属性包括"只读"属性和"隐藏"属性。

设置属性的方法是：选定一个或多个文件，选择"文件"→"属性"命令，在弹出的对话框中选择"常规"选项卡，在底部的"属性"选项组中选中指定属性对应的复选框即可。

三、"计算机"窗口

"计算机"是 Windows 7 提供的另一个文件管理工具。其实 Windows 7 已将"计算机"与"资源管理器"统一为一个应用程序，唯一区别是初始界面有所不同。在"计算机"窗口中，文件默认以"大图标"方式显示，如图 4-17 所示。

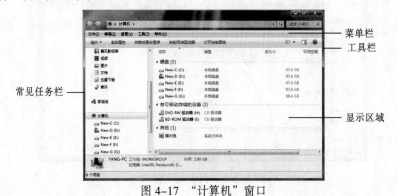

图 4-17　"计算机"窗口

四、文件删除与回收站

无用的文件或文件夹应及时删除，以便释放更多的可用存储空间。删除文件或文件夹的方法有以下几种：

① 菜单法：选定需删除的文件或文件夹后，选择"文件"→"删除"命令。

② 快捷菜单法：在选中的待删除的文件或文件夹的图标上右击，在弹出的快捷菜单中选择"删除"命令。

③ 键盘法：选定待删除的文件或文件夹后，直接按【Delete】键。

④ 鼠标拖动法：用鼠标将待删除的文件或文件夹拖动到"回收站"中。

文件删除操作后，一般会出现图 4-18 所示的对话框。

Windows 7 的"回收站"是一个用来存放被暂时删除文件的文件夹。每个磁盘中都预留一定的磁盘空间作为"回收站"使用。Windows 7 的桌面上有一个"回收站"图标，右击该图标，在弹出的快捷菜单中选择"属性"命令，可以对每个磁盘"回收站"的容量进行设置，如图 4-19 所示。

图 4-18 "文件删除"对话框

图 4-19 "回收站属性"对话框

双击"回收站"图标，弹出"回收站"窗口，其中列出了被删除后放入"回收站"的所有文件和文件夹，在这里面的文件上右击出现快捷菜单，利用该快捷菜单可以对这些文件进行恢复或彻底删除。"回收站"窗口如图 4-20 所示。

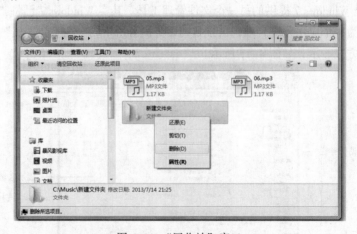

图 4-20 "回收站"窗口

还可以通过文件中的下拉菜单操作回收站，具体如下：

1. 恢复被删除的文件

在桌面上双击"回收站"图标，打开"回收站"窗口，选定要恢复的文件，选择"文件"→"还原"命令，这些文件就被还原到原来的位置。

若恢复所有被删除的文件，可单击窗口左侧的"回收站任务"选项组中的"还原所有项目"链接。

2. 清理"回收站"

（1）删除"回收站"中的文件。在"回收站"窗口中选定要删除的文件，选择"文件"→"删除"命令，弹出"确认文件删除"对话框，单击"是"按钮，即可将文件彻底从磁盘中删除。

（2）清空"回收站"。在"回收站"窗口中选择"文件"→"清空回收站"命令，弹出"确认删除多个文件"对话框，单击"是"按钮，即可将"回收站"中的所有文件从磁盘上删除。

实验五 Windows 7 控制面板的使用

【实验目的】

（1）了解显示属性的相关内容，掌握显示属性的设置。
（2）掌握键盘、鼠标的属性设置。
（3）掌握输入法属性的设置。
（4）掌握应用程序的添加/删除。

【实验内容】

（1）显示属性的设置方法。
（2）键盘、鼠标的属性设置方法。
（3）汉字输入法的操作方法。
（4）添加/删除应用程序的基本方法。

【实验步骤】

一、控制面板的使用

控制面板是 Windows 系统中重要的设置工具之一，它是 Windows 进行系统维护和设置的工具，使用它不仅可以查看和保障系统资源，还可以优化系统和规划任务。Windows 7 系统中的控制面板与 Windows XP 中的控制面板比较，有一些操作方面的改进设计，它更加方便用户查看和设置系统状态。Windows 7 控制面板启动控制面板的方法有下面两种：

方法 1：打开"计算机"窗口，在窗口顶端菜单栏中单击"打开控制面板"链接。

方法 2：单击任务栏上的"开始"按钮，选择"控制面板"命令，如图 5-1 所示。若在"任务栏和「开始」菜单 属性"对话框的「开始」菜单"选项卡中单击"自定义"按钮，将控制面板设置为"显示为菜单"，则可以从此处直接选择控制面板的各个项目。

控制面板窗口如图 5-2 所示，其中列出了控制面板中各按照类别显示设置工具组的名称。Windows 7 系统的控制面板默认以"类别"的形式来显示功能菜单，分为系统和安全、用户账户和家庭安全、网络和 Internet、外观和

图 5-1　通过开始菜单打开"控制面板"

个性化、硬件和声音、时钟语言和区域、程序、轻松访问等类别，每个类别下会显示该类的具体功能选项。

图 5-2　"控制面板"窗口

除了"类别"，Windows 7 控制面板还提供了"大图标"和"小图标"的查看方式，只需单击控制面板右上角"查看方式"旁边的小箭头，从中选择自己喜欢的形式就可以了。即：若以"查看方式"→"类别"→"小图标"或者"大图标"方式显示，则可以所有组的显示全部操作项，如图 5-3 所示。

图 5-3　"控制面板"显示所有操作项

二、控制面板的搜索功能

Windows 7 系统的搜索功能非常强大，功能方面体现很多人性化的设计，控制面板中也提供了好用的搜索功能，我们只要在控制面板右上角的搜索框中输入关键词"鼠标"，如图 5-4 所示，按【Enter】键后即可看到控制面板功能中相应有关"鼠标"的搜索结果，这些功能按照类别做了分类显示，一目了然，极大地方便用户快速查看功能选项。

另外，还可以充分利用 Windows 7 控制面板中的地址栏导航，快速切换到相应的分类选项或者指定需要打开的程序。单击地址栏每类选项右侧向右的箭头，即可显示该类别下所有程序列表，从中单击需要的程序即可快速打开相应程序，操作如图 5-5 所示。

图 5-4　"控制面板"的搜索框查找功能

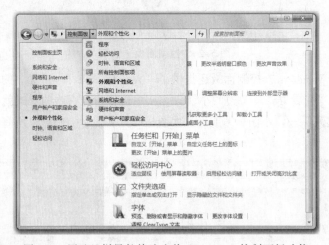

图 5-5　用地址栏导航快速查找 Windows 7 控制面板功能

三、显示属性的设置

中文版 Windows 7 系统为用户提供了设置个性化桌面的空间，系统自带了许多精美的图片，用户可以将它们设置为墙纸；通过显示属性的设置，用户还可以改变桌面的外观，或选择屏幕保护程序，还可以为背景加上声音。通过这些设置，可以使计算机的桌面更加赏心悦目。

在进行显示属性设置时，可以在"控制面板"窗口中单击"个性化"图标，也可以在桌面的空白处右击，在弹出的快捷菜单中选择"个性化"命令，这时会弹出"个性化"对话框，其中下端还包含 4 个选项操作按钮，用户可以在单击各选项操作按钮中进行个性化设置。

1. 主题

"个性化"对话框中，在"主题"的操作界面，用户根据系统默认安装好的主题列表选择桌面 Aero 主题，如图 5-6 所示。用户可以对当前主题进行编辑并且保存，还可以联机获取更多的主题。

2. 桌面背景

单击"桌面背景"图标，可以进入 "桌面"选项卡中可以设置自己的桌面背景。"背景"

列表框中列出了多种风格的图片，用户可根据自己的喜好来选择，也可以通过浏览的方式从已保存的文件中调入自己喜爱的图片，如图 5-7 所示。

图 5-6　Windows 7 控制面板主题设置

图 5-7　Windows 7 控制面板桌面背景图片设置

根据主题里提供的多张图片可以设置定时动态显示，时间间隔在对话框下端设置，图片可以顺序播放或者随机播放。

3. 屏幕保护程序

当用户暂时不对计算机进行任何操作时，可以使用"屏幕保护程序"将显示屏幕屏蔽掉，这样可以节省电能，有效地保护显示器，还可以防止其他人在计算机上进行任意的操作，从而保证数据的安全。

单击下端"屏幕保护程序"操作按钮，弹出图 5-8 所示的对话框。"屏幕保护程序"下拉列表框中提供了各种静止和动态的屏幕保护样式。选择一种动态的程序后，如果对系统的默认参数不满意，可以根据自己的喜好进一步进行设置。

如果用户要调整监视器的电源设置来节省电能，可单击"更改电源设置"按钮，可打开"电源选项 属性"对话框，可以在其中制定适合自己的节能方案。

4. 窗口颜色

单击"个性化"窗口中的"窗口颜色"图标，打开图 5-9 所示的对话框，在其中可以更改窗口边框、开始菜单和任务栏的颜色，其中色调、饱和度、亮度用户可以自由配置。

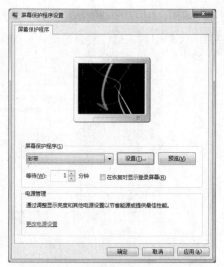

图 5-8　屏幕保护程序设置

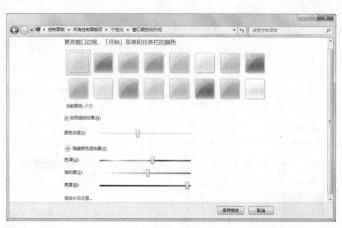

图 5-9　窗口边框颜色设置

单击图 5-9 中的"高级外观设置"按钮可以进入窗口与按钮设置对话框，可改变 Windows 7 系统窗口和按钮的样式，如图 5-10 所示。在"项目"下拉列表框中选择项目，或者在上部的黑色框中直接单击需要设置的区域从而选定项目，然后可以在右边的"大小"、"颜色 1(L)"和"颜色 2(2)"分别设置选定项目的大小和颜色。在"字体"、"字体大小"和"颜色(R)"下拉列表框中可以分别改变标题栏上字体、字体大小和字体颜色。需要注意的是有的项目不能设置字体或者颜色。

5. 显示与分辨率设置

显示器显示高清晰的画面，不仅有利于用户观察，而且可以很好地保护视力，特别是专业从事图形图像处理的用户，对显示屏幕分辨率的要求很高。在"显示"

图 5-10　高级外观设置

窗口中可以对显示比例大小进行设置，如图 5-11 所示。

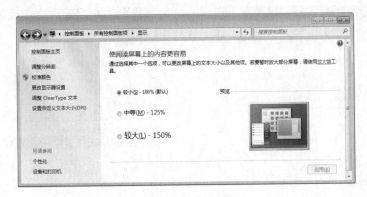

图 5-11　显示比例设置

　　显示器特性包括颜色、分辨率等参数。在图 5-11 左侧单击"调整分辨率"，在打开的窗口中单击"分辨率"右侧的下三角按钮，弹出下拉菜单，如图 5-12 所示。

　　用户可以拖动小滑块来调整分辨率，分辨率越高，在屏幕上显示的信息越多，画面就越逼真。这个参数与计算机所使用的显卡和显示器都有关。一般情况下，最低分辨率是 640×480，最高分辨率可达 1 920×1 080 甚至更高。

　　单击"方向"右侧的下三角按钮，弹出下拉菜单，选择不同选项可设置不同显示方向。

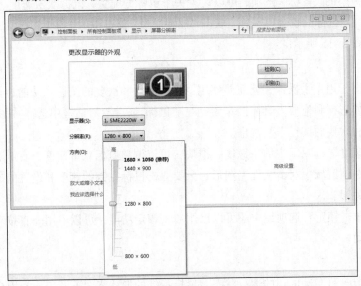

图 5-12　显示分辨率与方向设置

　　单击图 5-12 中的"高级设置"链接，可进入设置显示器属性对话框，如图 5-13 所示。用户可通过该对话框更改显示器和显卡设置。改变显示器设置后，许多情况下，系统要求用户重新启动计算机才能使新的设置生效。

　　"适配器"选项卡中显示了显示适配器的类型，以及适配器的其他相关信息，包括芯片类型、显存大小等。单击"属性"按钮，弹出适配器属性对话框，用户可以在此查看适配器的使用情况，还可以进行驱动程序的更新。

"监视器"选项卡如图 5-14 所示，有监视器的类型、属性信息，用户可以进行刷新率的设置。

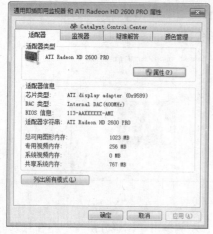

图 5-13 "适配器"选项卡

图 5-14 "监视器"选项卡

在"疑难解答"选项卡中，可以设置有助于用户诊断与显示有关的问题。在"硬件加速"选项组中，可以手动控制硬件所提供的加速和性能级别，一般启用全部加速功能。

四、鼠标的属性设置

利用控制面板中的"鼠标"选项，可以设置关于鼠标键配置、鼠标双击速度、鼠标移动速度、鼠标指针形状方案、鼠标的轨迹等属性。双击"控制面板"窗口中的"鼠标"选项，弹出"鼠标 属性"对话框，如图 5-15 所示。

1. 鼠标键

如果用户习惯于用左手操作，就需要使用"切换主要和次要的按钮"功能，把鼠标右键设成用于主要性能，如选择和拖放。具体操作为：在"鼠标 属性"对话框中选择"鼠标键"选项卡，选中"切换主要和次要的按钮"复选框。

拖动"双击速度"选项组中的"速度"滑块，可以调整鼠标双击速度，右侧有一个鼠标双击速度测试区域，在该区域中双击文件夹图形，只要双击鼠标左键的速度和设置的速度相一致，文件夹就会打开或关闭。

此外，在"单击锁定"选项组中还可以启用单击锁定功能，可以不用一直按着鼠标按钮就可以突出显示或拖动。

2. 指针

根据鼠标的指向和 Windows 的运行状态，鼠标指针的形状将会不断变化。用户可以自定义鼠标指针的形状，甚至可以安装一些看起来非常灵活的动态指针，这样当用户在等待 Windows 执行某项处理时，可以看到生动活泼的指针形状。

选择"鼠标 属性"对话框中的"指针"选项卡，如图 5-16 所示。对话框列表中显示出当前各种指针与 Windows 相对应的活动状态。如果用户要改变某项 Windows 活动状态的鼠标指针形状，可在列表框中选中该选项，然后单击"浏览"按钮，选择所需要的鼠标指针形状即可。单击"使用默认值"按钮，可恢复 Windows 7 原来的鼠标指针形状。

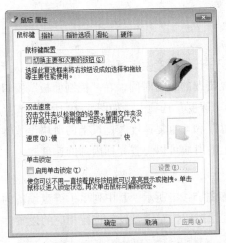
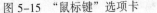

图 5-15　"鼠标键"选项卡

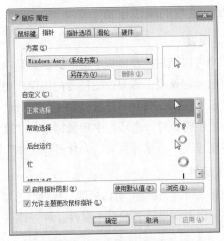

图 5-16　"指针"选项卡

如果用户对鼠标指针形状的设置满意，可以单击"另存为"按钮将当前的鼠标指针形状设置保存起来，以方便调用。

3．指针选项

选择"鼠标 属性"对话框的"指针选项"选项卡，如图 5-17 所示。在"移动"选项组中可以调整鼠标指针的移动速度。"鼠标指针的移动速度"设置用于调整鼠标指针对于鼠标移动操作的反应灵敏程度。在"对齐"选项组中，可以设置自动将指针移动到对话框中的默认按钮上；在"可见性"选项组中，可以设置显示指针轨迹，鼠标轨迹是指鼠标移动时所留下的轨迹，显示轨迹易于查看鼠标指针的移动路径及其位置；可以设置在打字时隐藏指针；可以设置当按【Ctrl】键时显示指针的位置。

4．硬件

选择"鼠标 属性"对话框的"硬件"选项卡，如图 5-18 所示。其中列出了鼠标设备的名称和类型，以及鼠标设备的有关属性。可以单击"属性"按钮，对鼠标设备进行相应的设置。

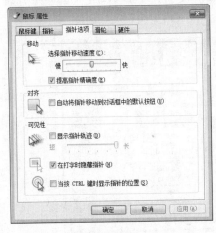

图 5-17　"指针选项"选项卡

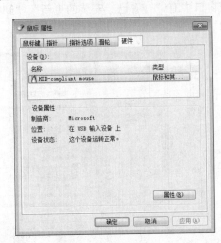

图 5-18　"硬件"选项卡

五、键盘的属性设置

1. 速度

用户可以利用控制面板中的"键盘"选项设置按住按键时产生重复击键的速度和确认产生重复击键的延迟速度。若要改变键盘的按键和确认重复击键的延迟时间，在"控制面板"窗口中双击"键盘"选项，打开"键盘 属性"对话框，选择"速度"选项卡，如图5-19所示。

在"字符重复"选项组中用鼠标拖动"重复延迟"和"重复速度"标尺上的滑块设置键盘的按键重复速度。用鼠标拖动"光标闪烁频率"标尺上的滑块可以设置光标闪烁的速度。

2. 硬件

选择"键盘 属性"对话框的"硬件"选项卡，如图5-20所示。其中列出了键盘设备的名称和类型，以及键盘设备的有关属性。可以单击"属性"按钮，对键盘设备进行相应的设置。

图 5-19 "速度"选项卡

图 5-20 "硬件"选项卡

六、卸载或更改程序

在"控制面板"中单击"程序和功能"选项，打开"卸载或更改程序"窗口，如图 5-21 所示。该窗口中有"查看已经安装的更新"、"卸载或更改程序"、"打开或关闭 Windows 功能"等操作按钮。

图 5-21 "卸载或更改程序"窗口

1．更改或卸载程序

首先在列表框中选择想要删除的程序并右击，弹出图 5-21 所示的快捷菜单，如果需要删除某个应用程序，然后再单击"卸载"按钮，将会弹出一个关于删除该应用程序的警告提示对话框，在该提示对话框中单击"确定"按钮，即可删除该应用程序的所有信息。

单击"更改"按钮可以重新修复或者重新安装软件的部分功能。

2．安装新应用程序

一般进入"计算机"窗口，单击 DVD 驱动器，找到安装程序并运行，安装向导将引导安装过程。

通常，将应用程序的安装光盘插入光驱后，它就能自动启动安装程序向导，遵从向导的指示操作即可。如果光盘不能自启动，可以通过"计算机"窗口浏览光盘文件，找到安装程序 setup.exe 或 install.exe，双击 setup.exe 或 install.exe 文件，即可启动安装程序向导。

3．打开或关闭 Windows 功能

Windows 操作系统自带了许多应用程序组件，在安装系统时可能没有安装，在需要时随时都可以再安装。单击窗口左侧的"添加/删除 Windows 组件"按钮，弹出"Windows 组件向导"对话框，在"组件"列表框中列出了已安装（左侧方框显示有"√"标记）或未安装（左侧方框没有"√"标记）的组件，选中需要安装的组件，同时取消选择需要卸载的组件，然后单击"下一步"按钮，系统开始配置组件。有时系统需要读取组件源数据，将会要求插入 Windows 安装盘，插入光盘后单击"确定"按钮即可。

七、汉字输入法的操作

1．安装汉字输入法

在安装中文版 Windows 7 时，会默认安装微软拼音、智能 ABC、全拼和郑码等多种汉字输入法。如果还需要其他输入法，可通过"控制面板"窗口中的"添加或删除程序"功能来安装。

2．添加/删除汉字输入法

新安装的汉字输入法不一定可以直接使用，一般还需要添加才能启用。具体步骤如下：

（1）右击任务栏上的语言栏，弹出图 5-22 所示的快捷菜单。

（2）选择"设置"命令，弹出"文字服务和输入语言"对话框，如图 5-23 所示。

图 5-22　语言栏快捷菜单

图 5-23　"文字服务和输入语言"对话框

（3）单击"添加"按钮，弹出"添加输入语言"对话框，如图 5-24 所示。

（4）在"键盘"下拉菜单中选择一种输入法，然后单击"确定"按钮，返回"文字服务和输入语言"对话框，单击"确定"按钮。

这时单击语言栏图标，将看到新添加的输入法。

对于某些长期不使用的输入法，可以将其删除。在"文字服务和输入语言"对话框中，从"已安装的服务"列表框中选择一种输入法，单击"删除"按钮即可。

3．输入法的选择

单击语言栏上的输入法图标，将弹出输入法列表，如图 5-25 所示，选择需要的输入法即可。其中"中文（简体）美式键盘"为英文输入。

图 5-24　"添加输入语言"对话框

图 5-25　输入法列表

4．输入法的快捷键设置

使用键盘的组合键选择输入法也非常方便。设置快捷键的步骤如下：

（1）打开"文字服务和输入语言"对话框，选择"高级键设置"选项卡，如图 5-26 所示。

（2）在"输入语言的热键"列表框中选择常用的输入法，如"智能 ABC"输入法，单击"更改按键顺序"按钮，打开"更改按键顺序"对话框，如图 5-27 所示。

图 5-26　"高级键设置"选项卡

图 5-27　"更改按键顺序"对话框

（3）在图 5-27 所示"更改按键顺序"对话框中，"切换输入语言"是指在安装的不同语言间切换，如中文（中国）、英语（美国）等。"切换键盘布局"是指切换不同的中文输入法，即中文下面的不同汉字输入法。一般来说，【Ctrl+空格】组合键是在中文模式和英文模式之间切换，比如，当前是五笔，按一下换成英文，再按一下又是五笔，第三次按就回到英文。【Ctrl+Shift】组合键是在多个输入法之间依次切换，比如，按一次是五笔输入法，再按一次是全拼输入法，第三次按是 ABC 输入法。选择【Ctrl+Shift】组合键及某个数字键，如"0"，单击"确定"按钮退出。

此时，可通过【Ctrl+Shift+0】组合键可直接启动"智能 ABC"输入法。

5."智能 ABC"输入法的使用

"智能 ABC"输入法是一种以拼音为基础，以词组输入为主的汉字输入法。常用的输入方式有以下几种：

（1）全拼输入：按规范的汉语拼音输入，输入过程与书写汉语拼音的过程完全相同。例如，输入"中国"，可直接拼为 zhongguo。

（2）简拼输入：取各个音节的第一个字母，对于包含 zh、ch、sh 的音节，也可以取前两个字母组成。例如，输入"中国"，可拼为 zg 或 zhg。

（3）混拼输入：对于两个音节以上的词语，有的音节全拼，有的音节简拼。例如，输入"中国"，可拼为 zhongg 或 zguo。

当输入词组的拼音码对应多个同音词组时，屏幕上将显示对应的词组列表，若词组数量多于 9 个，将分多页显示，可按【+】键往后翻页，按【-】键往前翻页。

实验六 ‖ Word 2010 的使用

【实验目的】

（1）掌握文档编辑和排版的基本操作方法。

（2）掌握在 Word 中绘制表格的基本操作步骤。

【实验内容】

（1）Word 的启动与退出，以及 Word 文档的建立、保存、编辑操作。

（2）对 Word 文档进行基本的排版处理。

（3）在 Word 文档中制作表格，以及图文混排。

【实验步骤】

一、认识 Word 2010

1．Word 2010 的启动

选择"开始"→"所有程序"→Microsoft Office→Microsoft Word 2010 命令，或双击桌面上的
Word 快捷方式图标，打开 Word 应用程序窗口，如图 6-1 所示。

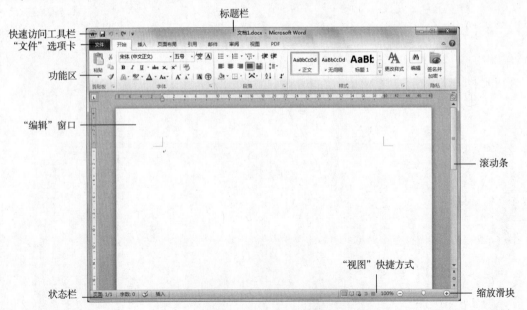

图 6-1　Word 2010 窗口界面

2．Word 2010 的退出

方法 1：选择"文件"选项卡中的"退出"命令。

方法 2：双击 Word 2010 窗口中左上角快捷访问工具栏图标按钮 ⓦ 。

方法 3：单击标题栏右端的"关闭"按钮。

方法 4：按【Alt+F4】组合键。

3．Word 2010 的功能区

（1）"开始"功能区

"开始"功能区中（见图 6-2）包括剪贴板、字体、段落、样式和编辑五个组，对应 Word 2003 的"编辑"和"段落"菜单部分命令。该功能区主要用于帮助用户对 Word 2010 文档进行文字编辑和格式设置，是用户最常用的功能区。

图 6-2　"开始"功能区

（2）"插入"功能区

"插入"功能区（见图 6-3）包括页、表格、插图、链接、页眉和页脚、文本、符号和特殊符号几个组，对应 Word 2003 中"插入"菜单的部分命令，主要用于在 Word 2010 文档中插入各种元素。

图 6-3　"插入"功能区

（3）"页面布局"功能区

"页面布局"功能区（见图 6-4）包括主题、页面设置、稿纸、页面背景、段落、排列几个组，对应 Word 2003 的"页面设置"菜单命令和"段落"菜单中的部分命令，用于帮助用户设置 Word 2010 文档页面样式。

图 6-4　"页面布局"功能区

（4）"引用"功能区

"引用"功能区（见图 6-5）包括目录、脚注、引文与书目、题注、索引和引文目录几个组，用于实现在 Word 2010 文档中插入目录等比较高级的功能。

图 6-5　"引用"功能区

（5）"邮件"功能区

"邮件"功能区（见图 6-6）包括创建、开始邮件合并、编写和插入域、预览结果和完成几个组，该功能区的作用比较专一，专门用于在 Word 2010 文档中进行邮件合并方面的操作。

图 6-6　"邮件"功能区

（6）"审阅"功能区

"审阅"功能区（见图 6-7）包括校对、语言、中文简繁转换、批注、修订、更改、比较和保护几个组，主要用于对 Word 2010 文档进行校对和修订等操作，适用于多人协作处理 Word 2010 长文档。

图 6-7　"审阅"功能区

（7）"视图"功能区

"视图"功能区（见图 6-8）包括文档视图、显示、显示比例、窗口和宏几个组，主要用于帮助用户设置 Word 2010 操作窗口的视图类型，以方便操作。

图 6-8　"视图"功能区

二、文档的建立、保存与打开

1. 文档的建立

选择"文件"选项卡中的"新建"命令，在打开的"可用模板"窗格中单击"空白文档"图标，在右侧预览区单击"创建"按钮，新建一个空白文档，输入内容，如图 6-9 所示。

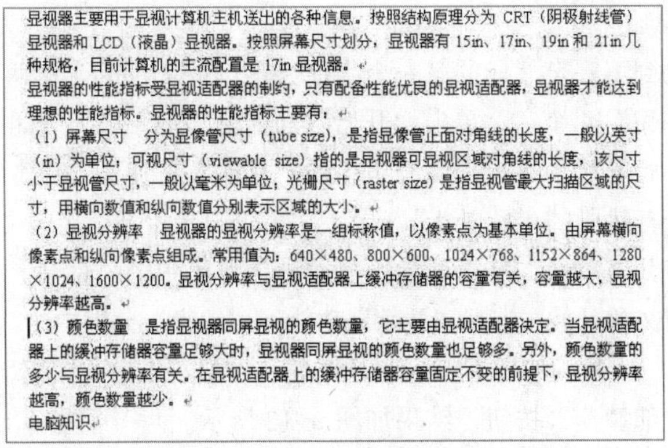

显视器主要用于显视计算机主机送出的各种信息。按照结构原理分为 CRT（阴极射线管）显视器和 LCD（液晶）显视器。按照屏幕尺寸划分，显视器有 15in、17in、19in 和 21in 几种规格，目前计算机的主流配置是 17in 显视器。

显视器的性能指标受显视适配器的制约，只有配备性能优良的显视适配器，显视器才能达到理想的性能指标。显视器的性能指标主要有：

（1）屏幕尺寸　分为显像管尺寸（tube size）；是指显像管正面对角线的长度，一般以英寸（in）为单位，可视尺寸（viewable size）指的是显视器可显视区域对角线的长度，该尺寸小于显视管尺寸，一般以毫米为单位；光栅尺寸（raster size）是指显视管最大扫描区域的尺寸，用横向数值和纵向数值分别表示区域的大小。

（2）显视分辨率　显视器的显视分辨率是一组称称值，以像素点为基本单位。由屏幕横向像素点和纵向像素点组成。常用值为：640×480、800×600、1024×768、1152×864、1280×1024、1600×1200。显视分辨率与显视适配器上缓冲存储器的容量有关，容量越大，显视分辨率越高。

（3）颜色数量　是指显视器同屏显视的颜色数量，它主要由显视适配器决定。当显视适配器上的缓冲存储器容量足够大时，显视器同屏显视的颜色数量也足够多。另外，颜色数量的多少与显视分辨率有关。在显视适配器上的缓冲存储器容量固定不变的前提下，显视分辨率越高，颜色数量越少。

电脑知识

图 6-9　在空白文档中输入内容

2．文档的保存

① 选择快速访问工具栏中的"保存"命令。

② 选择"文件"选项卡中的"保存"命令。

两种方法都会弹出"另存为"对话框，在"保存位置"下拉列表框中选择保存位置，在"文件名"下拉列表框中输入"显示器"，在"保存类型"下拉列表框中选择"Word 文档"选项，单击"保存"按钮，如图 6-10 所示。

3．文档的关闭

选择"文件"选项卡中的"退出"命令，或者单击右上角的窗口"关闭"命令 ，关闭文档。

4．文档的打开

选择"文件"选项卡中的"打开"命令，找到该文件保存的文件夹，在文件列表中选择"显示器"文档，单击"打开"按钮打开文档，如图 6-11 所示。

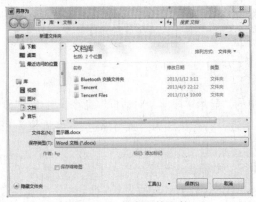

图 6-10　保存文档文件

图 6-11　打开文档

三、文档的编辑操作

文档的编辑通常包括文本的插入、删除、移动、复制、查找、替换等。在对文档进行编辑时，要先选定被操作部分的文本内容。操作过程中发生错误时，可使用快速访问工具栏中的"撤销"按钮 取消操作。

操作步骤：

（1）将插入点移动到第一自然段的第一个字前，连续按【Enter】键两次，增加两个空行。选中文章末尾的"电脑知识"4个字，单击"开始"功能区"剪贴板"分组中的"剪切"按钮，将插入点移动到第一个空行开始，再单击该分组中的"粘贴"按钮。

（2）选中最后一个自然段的"显视器"3个字，单击"开始"功能区"剪贴板"分组中的"复制"按钮，移动插入点到文章第二空行开始，再单击该分组中的"粘贴"按钮。

（3）移动插入点到文章开始，选择"开始"功能区"编辑"分组中的"替换"命令，打开"查找和替换"对话框，在"查找内容"下拉列表框中输入"显视"，在"替换为"下拉列表框中输入"显示"，然后单击"全部替换"按钮，结果如图6-12所示。

四、文档的排版

对文章进行字符、段落格式排版，得到图6-13所示的结果。

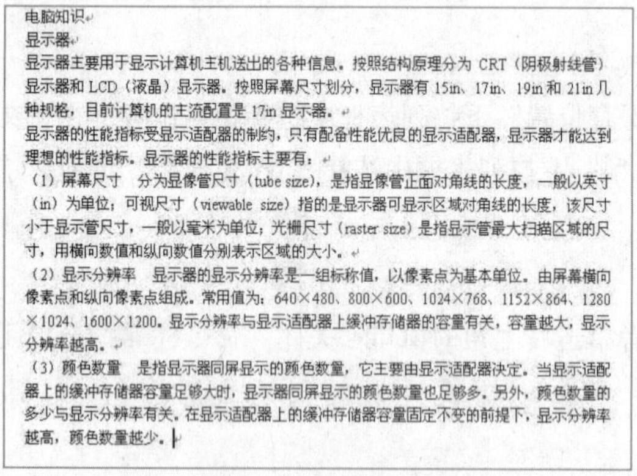

图6-12　编辑文档文件　　　　　　　图6-13　排版后的文档版面

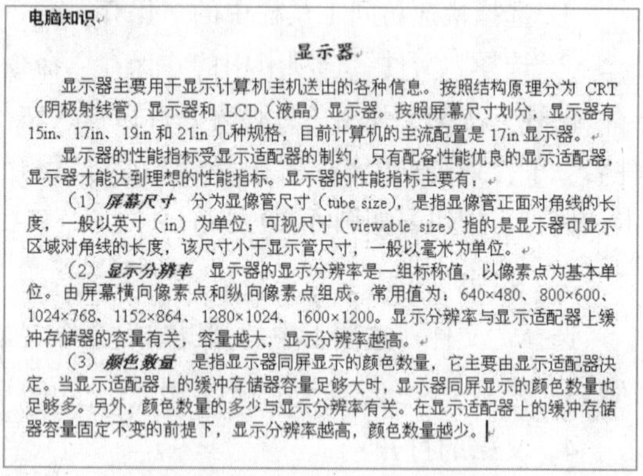

1．页面设置

选择"文件"选项卡，单击"打印"按钮，系统在右侧弹出"打印"子菜单，选择右下角的"页面设置"命令，打开"页面设置"对话框，在"页边距"选项卡中选择纸张方向为"纵向"，在"纸张"选项卡中选择纸张大小为A4。

2．段落格式化

选中全文，选择"开始"功能区"段落"分组中的"显示'段落'对话框"命令 ⬛，在"段落"对话框中设置对齐方式为两端对齐，左、右无缩进，特殊格式为"首行缩进"，度量值为2字符，行距为1倍行距。

选中标题"电脑知识"，设置其对齐方式为左对齐，无缩进。

选中标题"显示器"，设置其对齐方式为居中，无缩进，段前、段后为0.5行。

3．字体格式化

选中全文，选择"开始"功能区"字体"分组中的"显示'字体'对话框"命令 ⬛，在"字体"选项卡中设置"中文字体"为"宋体"、"西文字体"为Times New Roman、字形为"常规"、字号为"小四"。选择"高级"选项卡，在"字符间距"选项组中设置间距为"加宽"，磅值为1.5磅。

选中标题"电脑知识"，设置为"四号"、"黑体"、加粗。

选中标题"显示器"，设置为"三号"、"楷体"、加粗。

选中第三段开始处的"屏幕尺寸"，设置为加粗、倾斜、蓝色；重新选中设置后的这4个字，双击"开始"功能区"剪贴板"分组中的"格式刷"按钮，再使用刷子形鼠标指针刷过文中第四段开始处的"显示分辨率"和第五段开始处的"颜色数量"，以将其设置为相同的字体格式。

单击快速访问工具栏中的"保存"按钮，保存格式化后的结果。

五、表格的制作

新建一个文件，建立求职登记表，然后以 Form 为文件名保存。操作步骤如下：

1. 制作简单表格

输入标题"求职登记表"，按【Enter】键另起一段。单击"插入"功能区"表格"分组中的"表格"下拉菜单按钮，选择"插入表格"命令，在"插入表格"对话框中设置列数为 6、行数为 4，然后单击"确定"按钮插入表格，如图 6-14 所示。

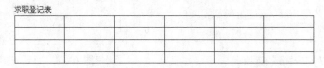

图 6-14　制作简单表格

2. 编辑表格

（1）选择表格最后一列并右击，在弹出的快捷菜单中选择"插入"→"在右侧插入列"命令；或者选中表格最后一列，在"表格工具/布局"功能区"行和列"分组中，单击"在右侧插入"按钮，也可以实现为表格增加一列，如图 6-15 所示。

图 6-15　插入列

（2）选择表格第 3 行第 2、3、4 共 3 个单元格并右击，在弹出的快捷菜单中选择"合并单元格"命令；或者单击"表格工具/布局"功能区"合并"分组中的"合并单元格"按钮也可以。同样，合并第 4 行的第 2~7 个单元格。

（3）选择表格第 3 行，单击"表格工具/布局"功能区"行和列"分组中的"在上方插入"按钮。移动光标到最后一行的最后一个单元格后面，按【Enter】键增加一行，同样，再增加两行。

（4）合并第 7 列的第 1~4 个单元格，如图 6-16 所示。

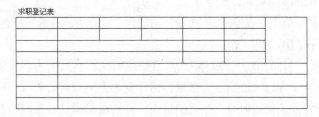

图 6-16　编辑表格

3. 格式化表格

选中整个表格，单击"表格工具/布局"功能区"表"分组中的"属性"按钮，弹出"表格属性"对话框，在"表格"选项卡中，将对齐方式设置为"居中"，如图 6-17 所示；在"行"选项卡中，选中"指定高度"复选框，并设置为"0.8 厘米"，如图 6-18 所示；在"单元格"选项卡中，设置垂直对齐方式为"居中"，如图 6-19 所示。单击"确定"按钮退出。

图 6-17 "表格"选项卡

图 6-18 "行"选项卡

4. 输入表格内容

移动光标到每个单元格，在表中输入内容，如图 6-20 所示。

图 6-19 "单元格"选项卡

图 6-20 输入表格内容

5. 格式化表格内容

（1）选中标题，设置字体格式为"小三"、"宋体"；选中整个表格，单击"开始"功能区"字体"分组中的"显示'字体'对话框"按钮，在对话框中设置"中文字体"为"宋体"、"西文字体"为 Times New Roman，常规、五号。

（2）选中整个表格，单击"表格工具/布局"功能区"对齐方式"分组中的"水平居中"按钮，使文字在单元格中水平居中对齐。

（3）将"王明明"字体设置为"楷体"，然后使用格式刷将其余内容设置为相同的格式。

（4）移动光标到第 5 行行底边框上，当鼠标指针变为上下双向箭头时，向下拖动鼠标，增大该行行高；调整以下各行，使版面符合样表的格式。移动鼠标指针到某列的右边框上，拖动鼠标可以调整列宽。

经过以上处理，得到最后结果，如图 6-21 所示。

求职登记表

姓 名	王明明	性 别	男	出生年月	1980 年 4 月	照片
籍 贯	陕西	民 族	汉	政治面貌	团员	
通信地址	西安市北大街 11 号			邮政编码	710006	
电子邮件	wangxm@sina.com			电 话	81234567	
学 历	1992.9—1998.7　西安市第一中学 1998.9—2002.7　西安工业大学计算机学院					
工作经历	2002.8—2004.6　畅想软件公司任助理软件工程师 2004.8—现在　　长安软件公司任软件工程师					
应征职位	软件工程师					
期望待遇	月薪约人民币 3000~5000 元，提供定期培训机会及每年带薪假期两周					

图 6-21　格式化表格内容

六、图文混合排版

打开"显示器.docx"文档，设置页眉和页脚，插入图片，设置分栏、首字下沉，然后选择"文件"选项卡中的"打印"命令在右侧区域进行打印预览。

1. 设置页眉和页脚

（1）单击"插入"功能区"页眉和页脚"分组中单击"页眉"按钮，在下拉菜单中选择"编辑页眉"命令，光标移动到页眉上，在页眉左侧输入"技术资料"，在右侧定位光标，在"页眉和页脚工具/设计"功能区"插入"分组中单击"日期和时间"按钮，选择日期格式，插入日期。调整位置，使内容显示在一行的两端，如图 6-22 所示。

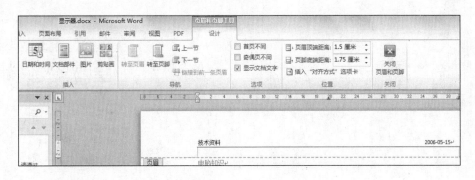

图 6-22　设置页眉

（2）在"页眉和页脚工具/设计"功能区"导航"分组中，单击"转至页脚"按钮，将光标移动到页脚，输入"第 1 页共 1 页"。选中页脚内容，单击"开始"功能区"段落"分组中的"居中"按钮，效果如图 6-23 所示。

（3）在"页眉和页脚工具/设计"功能区"关闭"分组中，单击"关闭页眉和页脚"按钮，退出页眉/页脚编辑状态。

图 6-23　设置页脚

2．插入图片

（1）移动光标到正文第一行第一个字前，单击"插入"功能区"插图"分组中的"图片"按钮，弹出"插入图片"对话框，选择"图片库"文件夹中的"示例图片"文件夹，选择某一图片，单击"插入"按钮，图片即出现在 Word 文档中。

（2）选中图片并右击，在弹出的快捷菜单中选择"大小和位置"命令，弹出"布局"对话框，在"位置"选项卡中设置水平对齐方式为"右对齐"，垂直对齐方式为"顶端对齐"；在"文字环绕"选项卡中设置环绕方式为"四周型"，如图 6-24 所示。

（3）选中图片，图片的四周出现 8 个圆点，拖动右下角的圆点调整图片到适当大小。

3．设置分栏

选择第三自然段，在"页面布局"功能区"页面设置"分组中单击"分栏"按钮，在"分栏"下拉菜单中选择"两栏"格式。

4．设置首字下沉

分别选择第一和第二自然段，在"插入"功能区"文本"分组中单击"首字下沉"按钮，在下拉菜单中选择"首字下沉"命令，弹出"首字下沉"对话框，选择"下沉"格式，并设置下沉行数为 2，如图 6-25 所示。

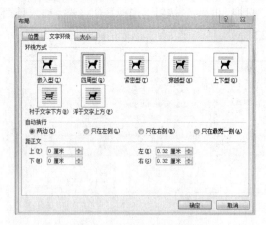

图 6-24　"布局"对话框

图 6-25　"首字下沉"对话框

5．文件打印预览

选择"文件"选项卡中的"打印"命令，预览全文的概貌，如图 6-26 所示。如果文档版式或内容需要修改，可以单击"开始"功能区，返回文档编辑状态进行修改；如果对文档总体效果满意，可以直接单击"打印"按钮进行打印。

电脑知识

显示器

显示器主要用于显示计算机主机送出的各种信息。按照结构原理分为 CRT（阴极射线管）显示器和 LCD（液晶）显示器。按照屏幕尺寸划分，显示器有 15in、17in、19in 和 21in 几种规格，目前计算机的主流配置是 17in 显示器。

显示器的性能指标受显示适配器的制约，只有配备性能优良的显示适配器，显示器才能达到理想的性能指标。显示器的性能指标主要有：

（1）*屏幕尺寸* 分为显像管尺寸（tube size），是指显像管正面对角线的长度，一般以英寸（in）为单位；可视尺寸（viewable size）指的是显示器可显示区域对角线的长度，该尺寸小于显像管尺寸，一般以毫米为单位。

（2）*显示分辨率* 显示器的显示分辨率是一组标称值，以像素点为基本单位。由屏幕横向像素点和纵向像素点组成。常用值为：640×480、800×600、1024×768、1152×864、1280×1024、1600×1200。显示分辨率

与显示适配器上缓冲存储器的容量有关，容量越大，显示分辨率越高。

（3）*颜色数量* 是指显示器同屏显示的颜色数量，它主要由显示适配器决定。当显示适配器上的缓冲存储器容量足够大时，显示器同屏显示的颜色数量也足够多。另外，颜色数量的多少与显示分辨率有关。在显示适配器上的缓冲存储器容量固定不变的前提下，显示分辨率越高，颜色数量越少。

第 1 页 共 1 页

图 6-26 打印预览的效果

实验七　Excel 2010 的使用

【实验目的】

（1）掌握 Excel 2010 的基本使用方法。

（2）了解常见的数据计算、统计分析和报表处理。

【实验内容】

（1）创建和管理工作簿。

（2）编辑工作表。

（3）工作表格式设置及打印。

（4）掌握 Excel 中各种图表的创建和修饰方法。

（5）掌握利用公式和函数对数据进行计算的方法。

（6）掌握记录的排序、筛选、汇总、合并计算等操作。

【实验步骤】

一、了解 Excel 2010

1. Excel 2010 的启动

选择"开始"→"所有程序"→Microsoft Office→Microsoft Office Excel 2010 命令，或双击桌面上的 Excel 快捷方式图标，即可打开 Excel 应用程序窗口。

2. Excel 2010 的退出

方法 1：选择"文件"选项卡中的"退出"命令。

方法 2：双击 Excel 2010 窗口中标题栏左端的控制菜单图标。

方法 3：单击标题栏右端的"关闭"按钮。

方法四：按【Alt+F4】组合键。

3. Excel 2010 工作窗口的组成

从图 7-1 中可以看到，Excel 工作窗口由标题栏、工具栏、编辑栏、工作区、任务窗格、标签栏以及状态栏组成。

（1）工作表。工作区是一张表格，称为工作表，表中每行由数字 1、2、3 等行号标识，每列由 A、B、C 等列标标识，行与列交叉形成的方格称为单元格。

（2）单元格地址。单元格以由列标和行号组成的单元格地址标识，如地址 C2 表示 C 列第 2 行的单元格。形式 C2 称为相对地址，在列标和行号前加入$符号便构成绝对地址。如$C$2 为绝对地址，$C2 或 C$2 称为相对地址。

（3）工作簿。若干张工作表组成一个工作簿。窗口下面的标签栏上标有 Sheet1、Sheet2、Sheet3，表示工作簿中有 3 张工作表，具有下画线且白底的工作表为当前工作表，单击工作表名称可选择工作表。

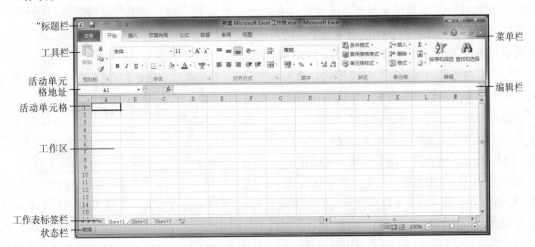

图 7-1　Excel 2010 工作窗口

二、创建和管理工作簿

1. 在工作表中输入数据

启动 Excel 2010 后，在空白工作表中输入图 7-2 所示的数据。

图 7-2　员工工资表

操作方法如下：

（1）文字的输入：选中单元格后直接输入，如在 A1 单元格中输入"平明公司员工工资表"。输入区域 A2:G2、区域 B3:B14、区域 D3:D14 中的文字内容。

（2）数字的输入：选中单元格后直接输入，如在 E3 单元格中输入 1650。在 E3:E14 区域中输入每位员工的基本工资。

（3）等差数列的输入：在 A3 单元格中输入 50001，然后选中 A3 单元格，移动鼠标指针到该单元格的右下角，当鼠标指针变为一个粗十字时，按住【Ctrl】键，向下拖动鼠标到 A14 单元格释放，选择"填充序列"选项，则区域 A3:A14 中填充了公差为 1 的等差数列。

（4）函数的输入：补贴的金额是由所属部门决定的，如果属于销售部，则补贴为 800；如果属于市场部，则补贴为 600。使用函数来决定补贴的值。选中 F3 单元格，单击"公式"功能区"函数库"分组中的"插入函数"按钮，弹出"插入函数"对话框，如图 7-3 所示。首先在"或选择类别"下拉列表框中选择"逻辑"类别，然后在"选择函数"列表框中选择 IF 函数，单击"确定"按钮，弹出图 7-4 所示的"函数参数"对话框。

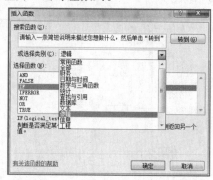

图 7-3　"插入函数"对话框

在 Logical_test（逻辑条件）文本框中输入"D3="销售部""，在 Value_if_true（条件成立）文本框中输入 800，在 Value_if_false（条件不成立）文本框中输入 600，单击"确定"按钮。

（5）公式的复制：将 F3 单元格中的函数复制到区域 F4:F14。选中 F3 单元格，单击"开始"功能区"剪贴板"分组中的"复制"按钮，再选中区域 F4:F14，单击"开始"功能区"剪贴板"分组中的"粘贴"按钮，则 F3 单元格中的内容复制到区域 F4:F14。

（6）日期的输入：使用"/"或"–"作为分隔符，输入格式为"年/月/日"，如"2006/5/1"。

（7）公式的输入：表中员工的"工资总额"为其"基本工资"与"补贴"之和。例如，员工"王成龙"，单元格 E3、F3、G3 满足关系：G3=E3+F3，所以在单元格 G3 中输入公式：=E3+F3，符号"="表示公式的开始。使用步骤（5）中复制单元格方法，将单元格 G3 的公式复制到区域 G4:G14。

2．保存工作簿

选择"文件"选项卡中的"保存"命令，弹出"另存为"对话框，在"保存位置"下拉列表框中选择"我的文档"文件夹，在"文件名"下拉列表框中输入"工资表"，在"保存类型"下拉列表框中选择"Microsoft Office Excel 工作簿"选项，单击"保存"按钮，如图 7-5 所示。

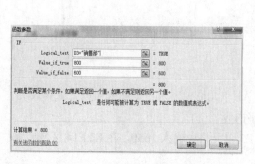

图 7-4　IF 函数参数的设置

图 7-5　"另存为"对话框

三、编辑工作表

1．重命名工作表

（1）双击 Sheet1 工作表标签，Sheet1 反白显示，如图 7-6 所示。

（2）输入工作表的名称"工资表"，按【Enter】键确认，如图 7-7 所示。

图 7-6　双击 Sheet1 工作表标签

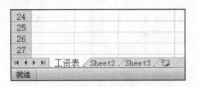

图 7-7　输入工作表的名称

2．复制工作表

单击工作表标签"工资表"，按住【Ctrl】键，并拖动标签"工资表"到 Sheet2 与 Sheet3 之间释放，则工作表"工资表"被复制为"工资表（2）"。

3．删除工作表

鼠标右击工作表标签 Sheet2，在弹出的快捷菜单中选择"删除工作表"命令，即可删除工作表 Sheet2。

4．插入工作表

鼠标右击工作表标签"工资表（2）"，在弹出的快捷菜单中选择"插入"→"工作表"命令，弹出"插入"对话框，选择"工作表"选项，如图 7-8 所示。单击"确定"按钮，插入工作表 Sheet4。

图 7-8　"插入"对话框

5．插入行

单击行号 8 选中第 8 行并右击，在弹出的快捷菜单中选择"插入"命令插入一个空行，在 B8:E8 区域依次输入：白雪、1977-2-18、财务部、1600，重新生成 A3:A15 的等差数列，将 F7:G7 区域复制到 F8:G8 区域。

6．插入列

单击列标 C 选中 C 列并右击，在弹出的快捷菜单中选择"插入"命令插入一个空列；再次选中 C 列并右击，在弹出的快捷菜单中选择"删除"命令删除。

结果如图 7-9 所示。

图 7-9　编辑工作表结果

四、格式化工作表

操作步骤如下：

（1）选中 A1:G1 区域，单击"开始"功能区"对齐方式"分组中的"合并后居中"按钮；选中 A1 单元格，单击"开始"功能区"单元格"分组中的"格式"按钮"设置单元格格式"设置其格式为 18 磅、蓝色、加粗、宋体，填充颜色为浅绿色。

（2）将第 2 行设置为 12 号、粗体、宋体、黑色、居中，如图 7-10 所示。

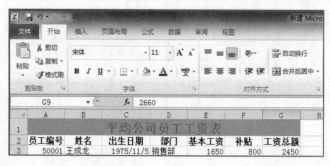

图 7-10　表头格式化

（3）选择区域 C3:C15，单击"开始"功能区"单元格"分组中的"格式"按钮，在下拉菜单中选择"设置单元格格式"命令，弹出"设置单元格格式"对话框，选择"数字"选项卡，在"分类"列表框中选择"日期"类别，在"类型"列表框中 14-Mar-01 格式，如图 7-11 所示，单击"确定"按钮。

（4）选择区域 E3:G15，单击"开始"功能区"单元格"分组中的"格式"按钮，在下拉菜单中选择"设置单元格格式"命令，在"设置单元格格式"对话框中选择"数字"选项卡，在"分类"列表框中选择"数值"类别，将"小数位数"设置为 2，如图 7-12 所示，单击"确定"按钮。

图 7-11　日期数据格式设置　　　　　　　　图 7-12　数值数据格式设置

（5）单击列标 A 并拖动鼠标到列标 G，选中 A～G 列，单击"开始"功能区"单元格"分组中的"格式"按钮，在下拉菜单中选择"默认列宽"命令，如图 7-13 所示；选择第 2～15 行，单击"开始"功能区"单元格"分组中的"格式"按钮，在下拉菜单中选择"自动调整行高"命令，如图 7-14 所示；选中第 1 行，单击"开始"功能区"单元格"分组中的"格式"按钮，在下拉菜单中选择"行高"命令，在"行高"对话框中输入 30，单击"确定"按钮。

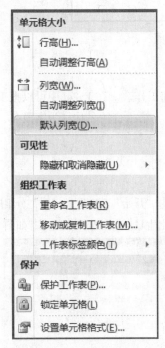
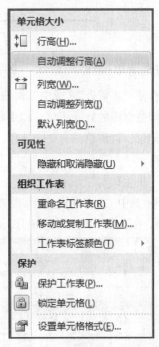

图 7-13　"默认列宽"命令　　　　　　　　图 7-14　"自动调整行高"命令

（6）单击"页面布局"功能区"页面设置"对话框启动器按钮，弹出"页面设置"对话框，选择"页面"选项卡，设置方向为"纵向"，纸张大小为"A4"；选择"页眉/页脚"选项卡，在"页眉"下拉列表框中选择"工资表"选项，在"页脚"下拉列表框中选择"制作人……第 1 页"选项；在"工作表"选项卡中选中"网格线"复选框。

（7）选择"打印预览"命令查看打印的效果，如图 7-15 所示。最后保存工作簿。

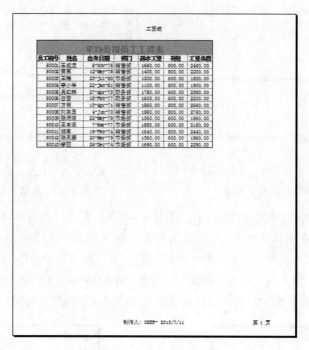

图 7-15 查看打印效果

五、数据清单操作

打开工作簿"工资表",选中工作表"工资表"为当前工作表。在 Excel 中可以把工作表中的数据作为类似数据库的数据清单,即由行和列组成二维表,第二行的名称称为字段名,以下每一行称为一条记录,该清单具有 7 个字段,13 条记录。

1. 排序

(1)按"出生日期"升序排列。

操作步骤:选中 C2 单元格,即字段名"出生日期",单击"开始"功能区"编辑"分组中的"升序和筛选"按钮,在下拉菜单中选择"升序"命令,则记录按"出生日期"从小到大排序,如图 7-16 所示。

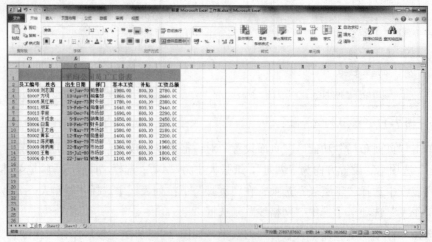

图 7-16 按"出生日期"升序排列

（2）按"基本工资"降序排序。

如果"基本工资"数额相同，则按"补贴"数额降序排序。

操作步骤：选中清单中的任意一个单元格，然后单击"开始"功能区"编辑"分组中的"排序和筛选"按钮，在下拉菜单中选择"自定义排序"命令，弹出"排序"对话框，如图 7-17 所示。在"主要关键字"下拉列表框中选择"基本工资"字段，选中右侧的"降序"单选按钮；在"次要关键字"下拉列表框中选择"补贴"字段，选中右侧的"降序"单选按钮；选中"有标题行"单选按钮；单击"确定"按钮。

图 7-17　"排序"对话框

（3）重新按"员工编号"升序排序。

操作步骤：选中 C1 单元格，即字段名"员工编号"，单击"开始"功能区"编辑"分组中的"排序和筛选"按钮，在下拉菜单中选择"升序排序"按钮，则记录按"员工编号"从小到大排序。

2. 筛选数据

（1）筛选出 1977 年出生的员工，结果显示在原数据清单区域。

操作步骤：选中清单中的任意一个单元格，单击"开始"功能区"编辑"分组中的"排序和筛选"按钮，在下拉菜单中选择"筛选"命令，每个字段名右侧显示一个下拉按钮，单击"出生日期"字段名右侧的下拉按钮，选择"自定义"选项，弹出图 7-18 所示的对话框，输入筛选条件，单击"确定"按钮。筛选结果如图 7-19 所示。再次单击"出生日期"字段名右侧的下拉按钮，选择"（全部）"选项，恢复显示所有记录。

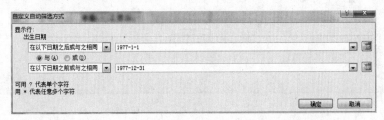

图 7-18　自动筛选对话框（按"出生日期"筛选）

（2）筛选出"工资总额"大于 2 000 的市场部员工，结果显示在原数据清单区域。

操作步骤：单击"部门"字段名右侧的下拉按钮，选择"市场部"；单击"工资总额"右侧的下拉按钮，选择"自定义"选项，弹出"自定义自动筛选方式"对话框，在"工资总额"下拉列表框中选择"大于或等于"选项，在其右侧的下拉列表框中输入"2000"，单击"确定"按钮，得到图 7-20 所示的筛选结果。

图 7-20　筛选"工资总额"大于 2000 的市场部员工

图 7-19　按"出生日期"筛选

恢复所有数据，单击"开始"功能区"编辑"分组中的"排序和筛选"按钮，在下拉菜单中选择"筛选"命令，取消自动筛选。

3. 分类汇总

统计各部门的补贴总金额，操作步骤如下：

（1）将数据清单按"部门"进行排序（升序、降序皆可）。

（2）选择数据清单中的任意一个单元格，单击"数据"功能区"分级显示"分组中的"分类汇总"按钮，弹出"分类汇总"对话框，在"分类字段"下拉列表框中选择"部门"字段，在"汇总方式"下拉列表框中选择"求和"选项，在"选定汇总项"列表框中选择"补贴"字段，选中"替换当前分类汇总"、"汇总结果显示在数据下方"复选框，如图 7-21 所示，单击"确定"按钮，结果如图 7-22 所示。在"分类汇总"对话框中单击"全部删除"按钮，可恢复清单。

图 7-21 "分类汇总"对话框

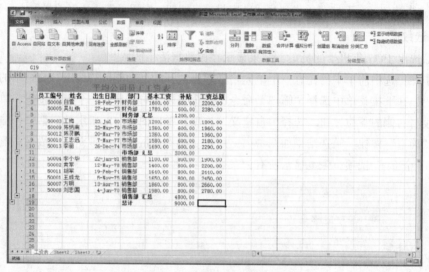

图 7-22 按部门分类汇总的结果

4. 使用数据库统计函数

数据库统计函数用于对满足给定条件的数据库记录进行统计。

例如，统计市场部员工工资总额的平均值，结果保留在 I11 单元格中，操作步骤如下：

（1）建立条件区域。在 K11 单元格输入"部门"，在 K12 单元格输入"市场部"，区域 K11:K12 为所建立的条件区域。

（2）在单元格 I11 中输入数据库统计函数。选中单元格 I11，单击"公式"功能区"函数库"分组中的"插入函数"按钮，弹出"插入函数"对话框，首先在"选择类别"下拉列表框中选择"数据库"类别，然后在"选择函数"列表框中选择 DAVERAGE 函数，单击"确定"按钮，弹出图 7-23 所示的"函数参数"对话框。

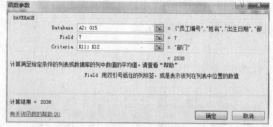

图 7-23 数据库统计函数

在 Database（数据库区域）文本框中输入 A2:G15，在 Field（被统计的列的编号）文本框中输入 7，在 Criteria（条件区域）文本框中输入 K11:K12，然后单击"确定"按钮。

六、图表操作

将工资总额位于前 5 名的员工的基本工资、补贴、工资总额以柱形图进行比较。操作步骤如下：

（1）打开工作簿"工资表"，选择工作表"工资表"为当前工作表，将数据清单按"工资总额"降序排序。

（2）单击"插入"功能区"图表"分组中的"图表"对话框启动器，弹出"插入图表"对话框，如图 7-24 所示。

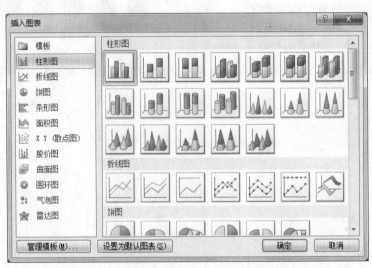

图 7-24 "图表向导-4 步骤之 1-图表类型"对话框

（3）选择图表类型。在"插入图表"对话框左侧的"标准类型"选项卡中选择"柱形图"类型，从"子图表类型"选项组中选择"簇状柱形图"类型，单击"确定"按钮。

（4）选择图表数据源。在"选择数据源"对话框中选择"图表数据区域"选项卡，如图 7-25 所示，选中"数据区域"文本框中的内容，然后在工作表中拖动鼠标选择区域 A2:G7；选择"水平轴标签"选项卡中的编辑，如图 7-26 所示，选中"分类（X）轴标志"文本框中的内容，然后在工作表中选择区域 B3:B7。单击"确定"按钮。

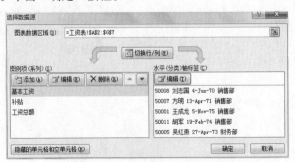

图 7-25 "图表数据区域"选项卡

（5）在图表布局中选择"布局9"。在"标题"中输入"工资总额前5名"，在"坐标轴标题（X）"文本框中输入"员工姓名"，在"坐标轴标题（Y）"文本框中输入"金额"，完成的图表效果如图7-27所示。

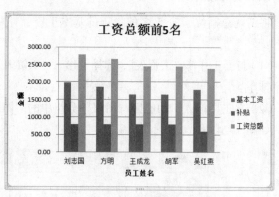

图7-26 "轴标签"选项卡　　　　　图7-27 "工资总额前5名"柱形图

实验八 | PowerPoint 2010 的使用

【实验目的】

（1）掌握演示文稿制作的基本过程。

（2）掌握演示文稿播放的基本操作。

【实验内容】

（1）认识 PowerPoint 2010 工作窗口组成部分。

（2）演示文稿的创建。

（3）幻灯片的制作过程。

（4）向幻灯片中插入剪贴画、组织结构图、表格、图表以及超链接。

（5）演示文稿的播放操作以及幻灯片切换方式的设置。

（6）设置播放时幻灯片中对象的动画效果。

【实验步骤】

一、PowerPoint 2010 的启动及其窗口

选择"开始"→"所有程序"→Microsoft Office→Microsoft Office PowerPoint 2010 命令，或双击桌面上的 PowerPoint 快捷方式图标，打开 PowerPoint 应用程序窗口，如图 8-1 所示。

图 8-1　PowerPoint 2010 工作窗口

PowerPoint 的工作窗口与 Word 和 Excel 类似，区别是其编辑区主要由大纲窗格、幻灯片编辑区和备注区 3 部分组成。

1．"幻灯片/大纲"窗格

在"幻灯片/大纲"窗格中，每张幻灯片以缩略图方式顺序列出，单击某张缩略图可使其成为当前幻灯片，并显示在演示文稿编辑区。

2．幻灯片编辑区

可在此编辑当前幻灯片的文本外观、添加多媒体元素、创建超链接和设置播放方式。

3．备注区

可添加演讲者备注或信息。

二、演示文稿的建立

建立介绍某大学一个教研室情况的演示文稿。操作步骤如下：

1．创建演示文稿

启动 PowerPoint 后，幻灯片编辑区显示一张空白的幻灯片。

（1）选择模板。在"设计"功能区上的"主题"分组中，单击要应用的主题。若要预览应用了特定主题的当前幻灯片的外观，可将指针停留在该主题的缩略图上。若要查看更多主题，可单击右侧的"其他"按钮 。此处选择名称为"网格"主题，如图 8-2 所示。

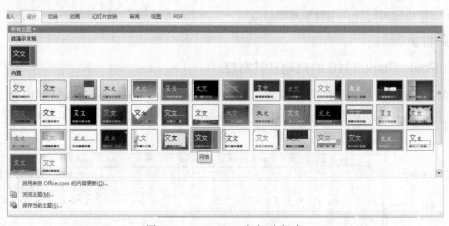

图 8-2　PowerPoint 幻灯片版式

（2）设置版式。在 PowerPoint 中打开空演示文稿时，将显示名为"标题幻灯片"的默认版式，但还存在可供用户使用的其他标准版式。单击"开始"功能区"幻灯片"分组中的"幻灯片版式"按钮，显示 PowerPoint 中内置的标准版式，如图 8-3 所示。

（3）设置幻灯片母版。单击"视图"功能区"母版视图"分组中的"幻灯片母版"按钮，幻灯片显示为母版样式。选择标题占位符，切换到"开始"功能区，在"字体"分组中，设置其字体格式为"宋体"、44 磅，如图 8-4 所示。单击"幻灯

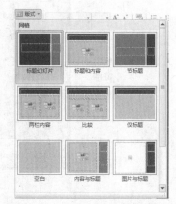

图 8-3　PowerPoint 幻灯片母版

片母版"选项卡"关闭"分组中的"关闭母版视图"按钮，恢复到幻灯片编辑状态。单击"标题"占位符，输入"计算机基础教学部简介"，完成第1张幻灯片的设计，效果如图8-5所示。

图 8-4　PowerPoint 幻灯片母版　　　　图 8-5　第 1 张幻灯片制作效果

2．建立第 2 张幻灯片

切换到"开始"功能区的"幻灯片"分组中，单击"新建幻灯片"按钮，在下拉菜单中选择"两栏内容"版式，新建幻灯片。

（1）单击标题占位符，输入"计算机基础教学部"。在"开始"功能区"字体"分组中设置字体为"宋体"、字号为44磅、加粗，颜色为黄色。

（2）在左侧内容栏中，单击"文本"占位符，输入教学任务、课程体系、师资力量。每输入完一行之后按【Enter】键，输入文字的幻灯片显示在大纲窗格中。设置字体为"隶书"、字号为40磅、加粗，颜色为蓝色。

（3）在右侧内容栏中，单击"剪贴画"占位符，弹出"剪贴画"任务窗格输入搜索关键字computer，进行搜索，在搜索结果中选择适当的图片后单击"确定"按钮，如图 8-6 所示。可以通过拖动鼠标调整所插入的剪贴画的位置与大小。

第 2 张幻灯片主要内容制作完毕，效果如图 8-7 所示。

图 8-6　"剪贴画"任务窗格　　　　图 8-7　第 2 张幻灯片制作效果

3. 建立第 3 张幻灯片

单击"开始"功能区"幻灯片"分组中的"新建幻灯片"按钮，插入第 3 张幻灯片，版式设置为"标题和内容"。

（1）单击标题占位符，输入标题内容为"教学任务"。设置字体为"隶书"、字号为 44 磅、加粗，颜色为黄色。

（2）单击文本占位符，输入有关内容。其中第 2 行和第 4~6 行通过按【Tab】键使文本增加缩进量，单击"开始"功能区"段落"分组中的"降低列表级别"按钮可恢复到原来的缩进量。设置第 1、3 行的字体为"宋体"、字号为 36 磅、加粗，颜色为深红色；第 2、4、5 和 6 行字体为"楷体"、字号为 32 磅、加粗，颜色为蓝色。

第 3 张幻灯片主要内容制作完毕，效果如图 8-8 所示。

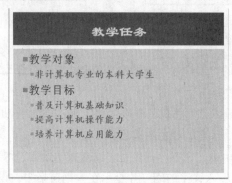

图 8-8　第 3 张幻灯片制作结果

4. 建立第 4 张幻灯片

单击"开始"功能区"幻灯片"分组中的"新建幻灯片"按钮，版式选择"标题和内容"，插入第 4 张幻灯片。

（1）单击标题占位符，输入标题内容为"课程体系"。设置字体为"隶书"、字号为 44 磅、加粗，颜色为黄色。也可以通过使用"开始"功能区"剪贴板"分组中的"格式刷"按钮，将第 3 张幻灯片中的标题格式应用到新幻灯片中的标题格式中去，使用格式刷束后，按【Esc】键退出。

（2）在内容占位符中单击"插入 SmartArt 图形"的图标，将弹出"选择 SmartArt 图形"对话框，如图 8-9 所示，选择"层次结构"中的"水平组织结构图"，单击"确定"按钮。

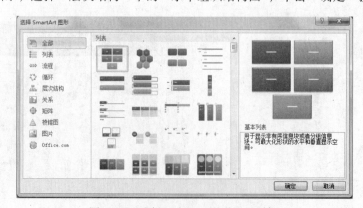

图 8-9　"选择 SmartArt 图形"对话框

此时，幻灯片上出现初步的结构图，同时显示"自此处键入文字"窗口。在结构图中的第 1、3、4、5 个文本框中从上到下、从左到右依次输入"计算机基础课群"、"大学计算机基础"、"程序设计语言"、"计算机文化"。选中第 2 个文本框，按下键盘上的【Delete】键，将其删除。

（3）选中"程序设计语言"文本框，单击"SmartArt 工具/设计"功能区"创建图形"分组中的"添加形状"按钮，在下拉菜单中选择"在下方添加形状"按钮，系统将在"程序设计语言"下面插入了一个下属，依此操作，共插入 3 个下属。在这 3 个下属文本框中分别输入"C 语言程序设计"、"数据库应用"、"Visual Basic"。

第 4 张幻灯片主要内容制作完毕，效果如图 8-10 所示。

5. 建立第 5 张幻灯片

切换到"开始"功能区的"幻灯片"分组中，单击"新建幻灯片"中的"两栏内容"版式，新建幻灯片。

（1）单击标题占位符，输入标题内容为"师资力量"。设置字体为"隶书"、字号为 44 磅、加粗，颜色为黄色。

（2）在上面的内容占位符中单击"插入表格"图标，弹出"插入表格"对话框，设置为 4 列 2 行，输入表格的文字内容，调整表格大小和位置。

（3）在下面的内容占位符中单击"插入图表"图标，弹出"插入图表"对话框，在模板中选择"柱形图"中的"簇状柱形图"，出现图表及其对应的图表数据区，清除数据表的原有内容，重新输入数据，输入结果如图 8-11 所示，则图表显示为对应的内容。选中图表，单击"图标工具/布局"功能区"标签"分组中的"数据标签"按钮，在下拉菜单中选择"数据标签外"命令，可将数据在图表中显示出来。

图 8-10　第 4 张幻灯片制作结果

图 8-11　在数据表中输入数据

第 5 张幻灯片主要内容制作完毕，效果如图 8-12 所示。

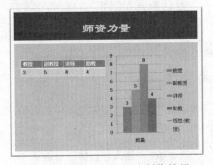

图 8-12　第 5 张幻灯片制作结果

6. 建立第 6 张幻灯片

单击"开始"功能区"幻灯片"分组中的"新建幻灯片"按钮，下拉面板中版式选择"空白"版式，插入第 6 张幻灯片。

（1）单击"插入"功能区"文本"分组中的"艺术字"按钮，在如图 8-13 所示所示的下拉菜单中选择一种样式。

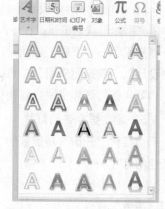

（2）在幻灯片中的"艺术字"文本框中输入"敦德励学 知行相长"，将字体设置为"隶书"。选中该艺术字文本框，单击"绘图工具"/"格式"功能区"艺术字样式"分组中的"文本效果"按钮，在下拉菜单中选择"转换"→"跟随路径"→"下半弧"的显示效果。另外，拖动被选中的艺术字右下角，可放大或缩小艺术字。

（3）单击"插入"功能区"图像"分组中的"剪贴画"按钮，在"剪贴画"任务窗格中搜索关键字为 computer 的剪贴画，在列表中选择一个剪贴画插入到幻灯片中。

图 8-13 "艺术字"下拉列表

（4）右击幻灯片，在弹出的快捷菜单中选择"设置背景格式"命令，弹出"设置背景格式"对话框，如图 8-14 所示。在"填充"选项卡中选中"隐藏背景图形"复选框，单击"应用"按钮，从而取消了背景图形在本幻灯片的显示。

第 6 张幻灯片主要内容制作完毕，结果如图 8-15 所示。

图 8-14 "背景"对话框

图 8-15 第 6 张幻灯片制作结果

7. 插入超链接

切换到第 2 张幻灯片，选中"师资力量"4 个字，单击"插入"功能区"链接"分组中的"超链接"按钮，弹出"插入超链接"对话框，如图 8-16 所示。

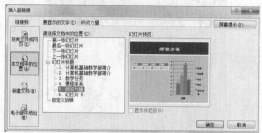

图 8-16 "插入超链接"对话框

在"链接到"列表框中单击"本文档中的位置"按钮，在"请选择文档中的位置"列表框中选择"4. 师资力量"幻灯片，单击"确定"按钮，则"师资力量"4个字显示为茶色并具有下画线，表明已添加超链接。

8. 保存 PowerPoint 文档

将制作好的 PowerPoint 文档以"计算机基础教学部简介"为名称保存在"我的文档"文件夹中。

三、演示文稿的播放

1. 默认的播放效果

（1）单击"幻灯片放映"功能区"开始放映幻灯片"分组中的"从头开始"按钮，或者切换到第1张幻灯片，然后直接单击视图切换按钮中的"幻灯片放映"按钮，即可从当前幻灯片开始播放，随后通过单击鼠标左键可依次播放其他幻灯片。

（2）放映过程中，右击幻灯片可弹出快捷菜单，如图8-17所示。使用"下一张"、"上一张"、"上次查看过的"、"定位至幻灯片"命令可切换幻灯片；使用"屏幕"子菜单可设置黑屏、白屏显示效果；使用"指针选项"子菜单可将鼠标转换为各种画笔，直接对幻灯片进行标注。

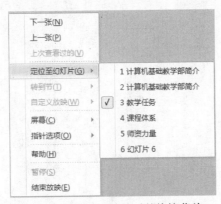

图 8-17　幻灯片放映时的快捷菜单

（3）在第2张播放时，单击"师资力量"可链接到第5张；在播放第5张时使用快捷菜单中的"上次查看过的"命令可回到第2张。

2. 设置幻灯片切换方式

（1）选择"切换"功能区，在"切换到此幻灯片"分组中选择幻灯片切换效果，同时可立即预览所选切换方式的效果。

（2）在"计时"分组中的"声音"下拉列表框中选择"打字机"效果，并单击"计时"分组中的"全部应用"按钮。

（3）切换到第1张幻灯片，从头播放幻灯片，观察设置后的效果。

3. 设置动画

PowerPoint 提供了多种动画方案，可以对多种对象如：文本框、剪贴画、表格、艺术字、图表等元素设置动画，自定义动画效果。

（1）选择"动画"功能区，切换到第2张幻灯片，选中剪贴画，单击"动画"分组中的动画效果图标即可。设置进入效果为"飞入"、强调效果为"陀螺旋"、退出效果为"形状"、动作路径为"循环",通过预览观察设置动画后的播放效果。

（2）单击"动画"功能区"高级动画"分组中的"动画窗格"按钮,系统在右侧弹出动画窗格,其中列出了该幻灯片中的所有动画效果,如图 8-18 所示。

如果想删除某个动画效果,可以用鼠标右击该项,在弹出的快捷菜单中单击"删除"按钮即可。

同时还可以对这些动画效果进行排序。方法是:单击需要改变播放顺序的动画效果,单击"动画"功能区"计时"分组中的"对动画重新排序向前移动"或"向后移动"按钮即可。

（3）如果想对同一个对象进行多个动画设置,可选中该对象,然后单击"动画"功能区"高级动画"分组中的"添加动画"按钮,在下拉列表中添加新的动画效果。

图 8-18　"动画窗格"

实验九 ｜ Windows 7 建立无线局域网

【实验目的】

（1）掌握点对点连接共享上网的基本方法。

（2）掌握虚拟 Wi-Fi 技术连接共享上网的基本方法。

（3）掌握软件 connectify 连接共享上网的基本方法。

【实验内容】

（1）点对点连接共享上网。

（2）虚拟 Wi-Fi 技术连接共享上网。

（3）软件 connectify 连接共享上网。

【实验步骤】

在操作系统 Windows 7 下建立无线局域网，实现共享上网的有以下三种方法：

一、点对点连接共享上网

点对点顾名思义，即为在无足够网线、路由器或交换机的情况下，通过一台笔记本电脑建立无线网络，与多台笔记本电脑实现资源交换与局域网络共享的目的，在 Windows 7 系统的支持下，点对点连接的功能进一步强化，通过点对点设置中的网络共享功能，能够解决多台电脑上网而无路由器或交换机的尴尬。下面将详细介绍点对点连接共享上网的步骤。

从"开始"菜单，打开"控制面板"窗口，如图 9-1 所示，单击"网络和 Internet"图标，打开"网络和共享中心"窗口，如图 9-2 所示。

图 9-1 "控制面板"窗口

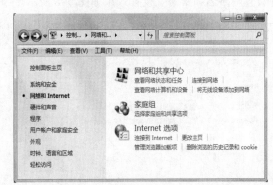

图 9-2 "网络和 Internet"窗口

单击"网络和共享中心"链接，打开如图 9-3 所示的窗口，单击左上方的"管理无线网络"链接，在"管理无线网络"窗口中单击"添加"按钮，如图 9-4 所示。

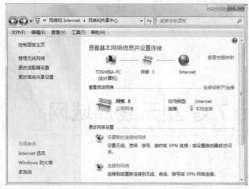

图 9-3 "网络和共享中心"窗口　　　　　　　图 9-4 "管理无线网络"窗口

在弹出的图 9-5 所示的对话框中选择"创建临时网络"选项，然后单击"下一步"按钮，弹出如图 9-6 所示的对话框。

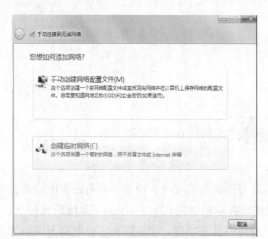
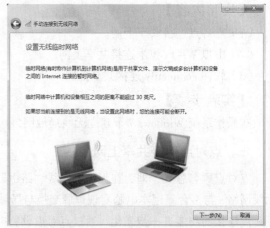

图 9-5 "手动连接到无线网"对话框之一　　　图 9-6 "手动连接到无线网"对话框之二

单击"下一步"按钮，弹出"手动连接到无线网"对话框，如图 9-7 所示，选择"安全类型"并设置网络名和密码。设置效果如图 9-8 所示。

图 9-7 "手动连接到无线网"对话框之三　　　图 9-8 "手动连接到无线网"对话框之四

单击"下一步"按钮，无线网络创建成功，如图 9-9 所示。单击图 9-10 所示的窗口中的"启用 Internet 连接共享"就可以了。

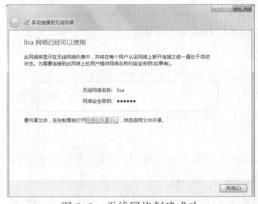

图 9-9 无线网络创建成功

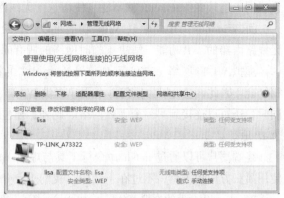

图 9-10 "管理无线网络"窗口

创建成功后单击任务栏右下角的"网络连接"图标，就可以看到连接了。如果创建连接时计算机没有连网，那么图 9-10 的界面就不会有"启用 Internet 连接共享"这个选项。这时可以手动把本地连接（就是有线网卡）设置共享：在"网络和共享中心"窗口（见图 9-11）中单击"更改适配器设置"链接，弹出图 9-12 所示的窗口。

图 9-11 "网络和共享中心"窗口

图 9-12 "网络连接"窗口

再在本地连接上右击，在弹出的快捷菜单中选择"属性"命令，在弹出的对话框中（见图 9-13），选择"共享"选项卡，将两个复选框选中即可。

另外：需要共享上网的计算机无线网卡要设置成"自动获取 IP 地址"（默认就是这样的，如果不是需要修改为自动获取），或者设置成和主机无线网卡 IP 在同一网段的 IP 。以后每次共享，主机都要先和自己创建的网络（这里是 lisa）连接，别人才能连你的计算机上网。

二、虚拟 Wi-Fi 技术

传统的临时无线网（即 Ad Hoc 模式）是一种点对点网络，类似于有线网中的"双机互联"，虽然也能实现互联网共享，

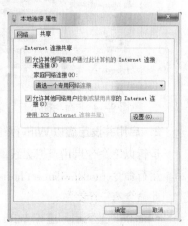

图 9-13 "本地连接属性"对话框

但主要用于两个设备临时互联，并且有的设备（如采用 Android 系统的设备）并不支持连接到临时无线网。还有一个很严重的问题，由于一块无线网卡只能连接到一个无线网络，因此如果通过无线网卡连接到 Internet，就不能再使用这个无线网卡建立临时网络，共享 Internet 了。

而 Windows 7 中的虚拟 Wifi 功能可以在一块真实无线网卡基础上再虚拟出一块网卡，实现无线路由器的 AP 功能，解决了临时网络的所有问题。

虚拟 Wi-Fi 网络（wireless Hosted Network）的特点是将 VirtualWiFi 技术与基于软件的接入点相结合。因此，它可以为任何一个用户提供 Wi-Fi 适配器支持，并为其他用户提供无线 AP 功能，同时，还可以连接到另一个无线网络。此外，还包括一个 DHCP 服务器，使用户可以自动获得一个 IP 地址。

终端用户可以通过 netsh 命令行工具与虚拟 Wi-Fi 网络进行互动。当然，软件开发者也可以使用第三方应用工具，不过在下文中，我们重点介绍 netsh 工具的使用。

Windows 7 自带的虚拟 WiFi 功能可以让计算机变成虚拟的无线路由器实现共享上网，节省网费和无线路由器购置费。虚拟 WiFi 在 Windows 7 中属于隐藏功能：虚拟 WiFi 和 SoftAP（即虚拟无线 AP），需要用户以管理员的身份登录主机，运行命令提示符，启动虚拟 WiFi 网卡，并设定虚拟 WiFi 的名称和密码。

以操作系统为 Windows 7 的笔记本电脑或装有无线网卡的台式机作为主机。

主机设置如下：

1. 以管理员身份运行命令提示符

因为如下的步骤必须在管理员权限下运行，因此我们需要从开始菜单找到"命令提示符"，或直接输入 cmd 快速搜索，右击它，在弹出的快捷菜单中选择"以管理员身份运行"命令，如图 9-14 所示，在弹出的用户控制窗口（见图 9-15）中输入 Y。还有一种更简单的方法就是按住【Ctrl】和【Shift】键直接单击该快捷方式。

图 9-14 "命令提示符"菜单

图 9-15 "命令提示符"窗口之一

2. 启用并设定虚拟 WiFi 网卡

运行以下命令启用虚拟无线网卡（相当于打开路由器）：

运行命令：netsh wlan set hostednetwork mode=allow ssid=lisaPC key=lisaWiFi

此命令有三个参数：

- mode：是否启用虚拟 WiFi 网卡，改为 disallow 则为禁用。
- ssid：无线网名称，最好用英文（以 lisaPC 为例）。

- key：无线网密码，八个以上字符（以 lisaWiFi 为例）。该密码用于对无线网进行安全的 WPA2 加密，能够很好的防止被蹭网。

以上三个参数可以单独使用，例如只使用 mode=disallow 可以直接禁用虚拟 Wifi 网卡。

开启成功后，会显示"承载网络模式已设置为允许"（见图 9-16），在"网络和共享中心"窗口(见图 9-17)中单击左上方的"更改适配器设置"链接，网络连接中会多出一个网卡为 Microsoft Virtual WiFi Miniporter 的无线连接 2，如图 9-18 所示。为方便起见，将其重命名为虚拟 WiFi，如图 9-19 所示。若没有，需更新无线网卡驱动才可以。

图 9-16 "命令提示符"窗口之二

图 9-17 "网络和共享中心"窗口

"虚拟 WiFi 网卡"，需要真实网卡的驱动程序专门针对 Windows 7 设计开发。只要通过"Windows7 徽标认证"的无线网卡驱动程序都支持该模式，在选购无线网卡时直接寻找是否带有该标志即可。如果在运行 mode=allow 命令后，网络连接中没有出现虚拟无线网卡，就说明真实网卡不支持该功能。可以将网卡驱动升级到最新的 Windows 7 版本试试看。

图 9-18 "网络连接"窗口之一

图 9-19 "网络连接"窗口之二

3. 设置 Internet 连接共享

为了与其他计算机或设备共享已连接的互联网，需要启用"Internet 连接共享"功能。打开"网络连接"窗口中，右击已连接到 Internet 的网络连接（本例中为"本地连接"），在弹出的快捷菜单中选择"属性"命令，如图 9-20 所示，在打开的对话框中切换到"共享"选项卡，选中"允许其他……连接（N）"的复选框，并选择允许其共享 Internet 的网络连接在这里即虚拟 Wifi 网卡，如图 9-21 所示。

图 9-20   "本地连接属性"对话框之一   图 9-21   "本地连接属性"对话框之二

确定之后，提供共享的网卡图标旁会出现"共享的"字样，如图 9-22 所示，表示"宽带连接"已共享至"虚拟 WiFi"。

4. 开启无线网络

继续在"命令提示符"窗口（见图 9-23）中运行：netsh wlan start hostednetwork（将 start 改为 stop 即可关闭该无线网，以后开机后要启用该无线网只需再次运行此命令即可）

图 9-22   "本地连接属性"对话框之三   图 9-23   "命令提示符"窗口

可以看到，虚拟 WiFi 的红叉叉消失，如图 9-24 所示。虚拟无线网卡已经开启了我们所指定的无线网络，WiFi 基站已组建好，主机设置完毕。笔记本电脑、带 WiFi 模块的手机等搜索到无线网络 lisaPC，输入密码 lisaWiFi，就能共享上网了。

显示无线网络信息命令为：netsh wlan show hostednetwork，如图 9-25 所示。虚拟无线 AP 发射的 WLAN 是 802.11g 标准，带宽为 54Mbit/s。

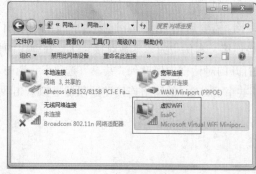

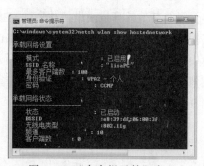

图 9-24   "网络连接"窗口   图 9-25   "命令提示符"窗口

除了使用命令设置虚拟 WiFi 功能，微软还将其编程接口公开了出来，为开发图形化设置程序提供了可能，例如免费小软件 connectify 就能直观的设置虚拟 WiFi 功能。

三、通过软件实现

软件名称：connectify（目前最新版 Beta 4.1 Released），软件界面全英文的，使用方法非常简单。官网：http://connectify.me。

connectify 是一款很实用的软件。能把计算机变成一个无线路由器。它能通过计算机上的无线网卡发射一个无线 AP，让有 WiFi 功能的设备上网。3.0 版以前仅支持 32 位 Windows 7 系统，3.0 版本及以上已经可以支持 64 位 Windows 7、Vista 和 XP 系统了。

这款软件可以在只有一个网络接入、没有路由器的情形下用计算机的无线网卡发射一个 WiFi 信号给所有能使用这一信号的设备，譬如笔记本电脑、智能手机。值得注意的是，用于发射这个信号的计算机必须拥有一个稳定的网络接入，最好是有线接入，避免干扰发射出去的信号。

conenctify 分 Free 和 Pro 版，Pro 版功能更加丰富，多了 3G/4G 网络共享、文件拖放传输、无时间限制使用、自动配置热点共享上网设置、自定义 SSID 名称、防火墙控制以及无广告等特点。conenctify Free 版功能是有一些限制，但不影响日常使用。

软件界面如图 9-26 所示。这个软件使用前同样要把本地连接设置共享。

Wifi Name：要创建的网络的名称。

PassPhrase：密码，其他计算机要连接这个网络需要输入此密码。

Internet：这是要用来共享的连接，这里选有线网卡"本地连接"。

Mode：Access Point,WPA2-PSK 选这个可以把无线网卡变成无线路由器用（目前只有少数网卡支持）。

Ad-Hoc,WEP 选这个可以创建点对点连接，和第 1 种共享方法的效果是一样的。

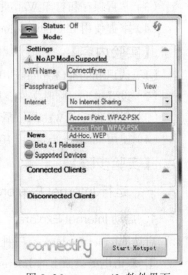

图 9-26　connectify 软件界面

实验十 Internet Explorer 的使用

【实验目的】

（1）掌握 Internet Explorer 10（IE）的界面特点、启动及关闭的基本方法。

（2）掌握 Internet Explorer 10 中设置主页、临时文件、历史记录的基本方法。

（3）掌握保存和打印 Web 页、管理收藏夹的一些方法及技巧。

（4）掌握使用 Internet Explorer 10（IE）浏览 Web 的几种基本方法。

【实验内容】

（1）认识 Internet Explorer 10（IE）窗口组成部分。

（2）设置主页、临时文件、历史记录的基本操作方法。

（3）保存和打印 Web 页、管理收藏夹的基本操作方法。

（4）使用 Internet Explorer 10（IE）浏览 Web 的基本操作方法。

【实验步骤】

一、运行 Internet Explorer

1. 启动 Internet Explorer

启动 Internet Explorer 有三种方法：

① 双击电脑桌面上的 Internet Explorer 图标。

② 选择"开始"→"所有程序"→Internet Explorer 命令。

③ 单击任务栏上的 Internet Explorer 图标。

2. Internet Explorer 的窗口

Internet Explorer 启动之后，弹出图 10-1 所示的窗口，其窗口自上而下分成以下几个部分：标题栏、菜单栏、工具栏、地址栏、工作区和状态栏。

图 10-1　Internet Explorer 窗口

（1）地址栏

标题栏指明网页的性质，如网页的名称、联机或脱机等内容。标题栏位于整个窗口的最顶端，左边一般显示 Web 页中定义的名称，并冠以 Microsoft Internet Explorer 的后缀。右边分别放置"最小化"、"最大化"和"关闭" 3 个按钮。

（2）选项卡

选项卡指明网页的性质，如网页的名称、联机或脱机等内容。选项卡位于整个窗口的右端，与地址栏处在同一水平位置。

（3）菜单栏

菜单栏位于地址栏的下面，包括浏览器的功能选项，如"文件"、"编辑"、"查看"、"收藏夹"、"工具"和"帮助"等 6 个菜单。通过这些菜单，可以实现对 WWW 文档的保存、复制、属性设置等操作。

（4）命令栏

命令栏位于菜单栏的下面，排列的通常是最常用的功能按钮（菜单命令），一般包括"页面"、"安全"、"工具"命令，通过单击三个级联菜单就可以实现相应的功能。我们可以通过选择菜单"工具"→"工具栏"→"自定义"命令，把经常使用的功能按钮添加到工具栏上。

（5）工作区

窗口中间占据了大部分空间的部分就是工作区，是浏览网络信息的地方。通过垂直或水平滚动条可以上下或左右滚动网页的内容。

（6）状态栏

状态栏位于窗口的下方，它显示浏览器当前操作的状态信息。当我们输入或者选择了某一站点的地址后，状态栏首先显示"正在连接站点"，表示正在查找我们选择的地址的主机；找到指定的主机，则显示"已找到站点"，开始连接到 WWW 服务器主机，显示"正在打开网页"以及表示连接情况的进度条等信息；连接成功后显示"完成"等。通过状态栏，可以了解到系统的当前状态。

3. 关闭 Internet Explorer

关闭 Internet Explorer 有以下几种方法：

① 选择"文件"→"退出"命令。

② 双击 Internet Explorer 窗口中"标题栏"左侧控制菜单图标，可关闭 Internet Explorer 窗口。

③ 单击菜单栏右侧的"关闭"按钮。

④ 按【Alt+F4】组合键可关闭 Internet Explorer 窗口。

二、Internet Explorer 的设置

1. 设置和更改 Internet Explorer 的主页

IE 的主页就是在每次启动的时候 IE 自动打开的 Web 页。一般情况下，把访问最频繁的站点设置为 IE 的主页，这样，每次打开 IE 的时候，就直接到达该站点了，或者在 Internet 冲浪的过程中，我们可以单击工具栏中的"主页"按钮，到达这个站点。操作方法如下：

（1）直接设置 IE 的主页地址。

① 选择"工具"→"Internet 选项"命令。

② 弹出"Internet 选项"对话框，如图 10-2 所示，在"常规"选项卡的"主页"栏中的"地址"文本框中输入要设置的地址，如 http://www.cernet.edu.cn。

③ 单击"确定"按钮，关闭"Internet 选项"对话框。

（2）设置当前 Web 页为 IE 的主页。

① 登录希望设置为主页的 Web 页。

② 打开"Internet 选项"对话框，选择 Internet 选项，在"常规"选项卡的"主页"栏中单击"使用当前页"按钮。

③ 单击"确定"按钮，关闭"Internet 选项"对话框。

（3）设置 IE 的主页为空白页。

打开"Internet 选项"对话框，选择 Internet 选项，在"常规"选项卡的"主页"栏中单击"使用新建选项卡"按钮后，在"地址"文本框中会显示 about:Tabs，单击"确定"按钮，关闭"Internet 选项"对话框。返回 IE 窗口，单击"主页"按钮，窗口内容为空白，如图 10-3 所示。

图 10-2　"Internet 选项"对话框

图 10-3　空白主页

2. 设置和更改临时文件的有关选项

临时文件是 IE 用来存储最近访问过的 Web 页的文件。如果当前要访问以前访问过的 Web 页，IE 就可以从临时文件中读取该 Web 页的相关信息，从而提高页面访问速度。但是，如果硬盘上存储了太多的临时文件，也会影响计算机的使用效率，这就需要定时的删除这些临时文件。

设置：可查看 Internet 临时文件夹的列表，定义用于存放这些文件所用的磁盘空间的大小，或移动 Internet 临时文件夹的位置。单击"设置"按钮将弹出"网站数据设置"对话框，如图 10-4 所示。

3. 查看历史记录

历史记录可以记录一段时期内用户访问 Web 页的情况，通过历史记录可以了解浏览器的使用情况和曾经浏览过的 Web 页。借助历史记录，通过按日期、站点、访问次数和今天的访问顺序几种查看方式，或者输入网址进行搜索的方式，我们可以快速查找到我们以前曾经访问过的 Web 页。我们也可以设置 IE 记录我们上网行为的天数。操作方法如下：

（1）选择"查看"菜单中的"浏览器栏"命令下的"历史记录"命令，其中包含了最近几天或者几星期内访问过的 Web 页和站点的链接，如图 10-5 所示。

图 10-4　临时文件设置对话框

图 10-5　在 IE 窗口显示"历史记录"栏

（2）单击"查看"按钮旁边的向下的箭头，可以有"按日期"、"按站点"、"按访问次数"和"按今天的访问顺序"和"搜索历史记录"5 个选项。

（3）假设选择"按站点"查看，则可以看到一个站点列表选项。

（4）单击某个站点，可以显示我们曾经访问过这一站点的哪些部分，然后单击相应的选项，则可以回到相应的 Wed 页。

4．保存 Web 网页上的信息

浏览 Web 页的时候，经常会发现网页中存放着大量有用的信息，有时需要将这些信息保存到自己的硬盘上。使用 IE，我们可以把 Web 页的全部或者部分内容（文本、图像、声音等）保存下来，也可以将 Web 页上的信息打印到纸张上。

操作方法如下：

（1）选择"文件"选项卡中的"另存为"命令，弹出"保存网页"对话框，如图 10-6 所示。

（2）在"保存在"下拉列表框中选择目标文件夹，在"文件名"下拉列表框中输入目标文件名。

图 10-6　"保存网页"对话框

（3）在"保存类型"下拉列表框中选择保存的类型，保存类型有"Web 页，全部"、"Web 电子邮件档案"、"Web 页，仅 HTML"和"文本文件"4 种类型，可以选择一种类型。

（4）在"编码"下拉列表框中选择一种编码方式，默认选择"简体中文"编码。

（5）单击"保存"按钮，Web 页信息就保存在指定的文件夹中。

若是要保存 Web 网页中图像信息，操作步骤如下：

（1）右击要保存的图片，弹出一个快捷菜单，如图 10-7 所示。

（2）选择"图片另存为"命令，弹出"保存图片"对话框，如图 10-8 所示，指定图片文件保存的路径和文件名。

（3）单击"保存"按钮，图像就以指定的名字保存在指定的文件夹中。

图 10-7 快捷菜单　　　　　　　　　图 10-8 "保存图片"对话框

5. 将 Web 页的地址添加到收藏夹中

在浏览 Web 网页时，经常会发现一些很有吸引力的站点和 Web 页，要在以后能快速登录此网站，可以将其地址保存在收藏夹中，也可以对收藏夹的信息进行整理。通过整理收藏夹可以形成具有特色的 IE 网页信息。具体操作方法如下：

（1）选择"收藏"→"添加到收藏夹"命令，弹出"添加收藏"对话框，如图 10-9 所示。

（2）单击"新建文件夹"按钮，弹出"创建文件夹"对话框，如图 10-10 所示。

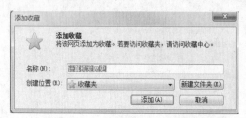

图 10-9 "添加收藏"对话框　　　　　　图 10-10 "创建文件夹"对话框

（3）输入文件夹名，单击"创建"按钮，新建的文件夹出现在"创建位置"的列表中。

（4）单击"添加"按钮，Web 页就添加到收藏夹中。经过一段时间后，需要对保存在收藏夹中的信息进行整理。方法是选择"收藏夹"→"整理收藏夹"命令，弹出"整理收藏夹"对话框，如图 10-11 所示。利用其中的四个按钮进行设置，完成整理文件夹操作。

6. 改变 Web 网页的文字大小

在打开的 Web 网页中，默认显示的文字大小是以中号字显示的，用户也可以更改文字显示的大小，使其更符合用户的阅读习惯，具体操作如下：

（1）启动 IE 浏览器。

（2）打开 Web 网页。

（3）选择"查看"→"文字大小"命令，在其子菜单中选择合适的字号，如图 10-12 所示。

（4）设置完毕后，选择"查看"→"刷新"命令，或直接按【F5】键，屏幕上的网页信息即按设定的文字大小显示。

图 10-11　整理收藏夹对话框

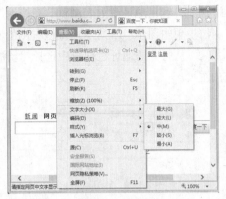

图 10-12　改变 Web 网页的文字大小

三、使用 Internet Explorer 浏览 Web

在 Internet Explorer 中，用户可以使用不同的方法查询 WWW 资源。

1. 使用网址输入法浏览网站主页

网址输入法是指用户在 Internet Explorer 窗口的地址栏中正确输入 Internet 网址，就可以在整个 Internet 中查找相应的网站。

例如，使用网址输入法浏览"中国教育和科研计算机网"主页，已知其域名地址为 www.cernet.edu.cn。操作方法如下：

（1）在 Internet Explorer 窗口的地址栏内输入"中国教育和科研计算机网"的域名地址为 http://www.cernet.edu.cn，并按【Enter】键。

（2）若连接成功，即进入"中国教育和科研计算机网"主页，如图 10-13 所示。

2. 使用地址栏列表浏览主页

用户除了可以在地址栏中输入要查看的 Web 页地址外，还可以通过地址栏列表直接选择曾经访问过的主页。

图 10-13　网址输入法浏览主页

例如，利用地址栏列表浏览"新浪网"主页。操作方法如下：

（1）单击图 10-13 所示地址栏右侧的向下箭头，屏幕显示如图 10-14 所示。

（2）从打开的地址栏列表中选择"新浪网"的域名地址为 http://www.sina.com，即开始连接相应的主页。

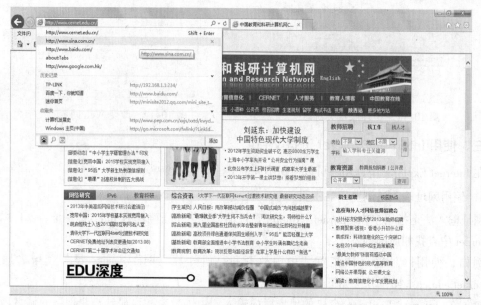

图 10-14　利用地址栏列表浏览主页

3. 在新的窗口中打开主页

除了在当前窗口中，还可以在新的 Internet Explorer 窗口中显示网页。

例如，在新的窗口中打开"百度"主页，已知"百度"的域名地址为 http://www.baidu.com/。操作方法如下：

（1）打开"文件"菜单，依次选择"新建"和"窗口"命令。

（2）在随后显示的新窗口的地址栏中输入待访问的网页地址为 http://www.baidu.com/。

4. 使用"主页"返回起始页

在使用 Internet Explorer 访问主页时，可以随时回到 Internet Explorer 的起始页。操作方法如下：单击网页右上角"主页"按钮。如果需要经常访问该网页的话，这个功能是很有用的。

5. 在主页中跳转到其他链接

在查看主页时，可以从当前主页中的链接直接跳转到其他链接。这些链接可以是图片、三维图像或者彩色文字（通常带下画线）。当鼠标指针移到主页上的某一项时，如果鼠标指针变为手形，则表明该项是一个链接，单击后就链接到新的站点。

6. 在已浏览的主页间跳转

如果在当前窗口中浏览过多个主页，那么 Internet Explorer 还为之提供了在已浏览过的主页间跳转的功能。操作方法如下：

（1）如果要返回到上一个主页，只要单击 ⬅ 图标即可。如果要向后返回多页，可选择 "查看"→ "转到"命令，然后选择子菜单下的"前进"或"后退"命令，如图 10-15 所示。

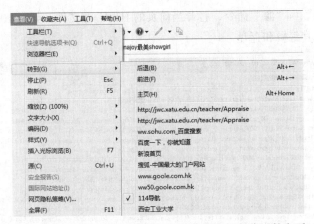

图 10-15 利用"后退""前进"菜单访问已浏览过的主页

（2）通过"查看"→"浏览器栏"→"历史记录"命令或单击工具栏中的"历史"按钮，从"历史记录"地址列表中也可以查看曾经访问过的主页。

7. 选择脱机方式与联机方式

Internet Explorer 提供了"脱机浏览"功能。通过"脱机浏览"，用户不必连接到 Internet 就可以查看 Web。当计算机处于联机状态时，通过频道和预定功能可以获得最新内容，并将其下载到本机上，从而充分利用脱机浏览功能。操作方法如下：

（1）选择"文件"→"脱机工作"命令，即进入脱机状态，如图 10-16 所示。

（2）通过"资源管理器"查找存在本机 D 盘上的*.html 文件。

（3）选择需浏览部分的 Web 页。

（4）选择"文件"→"脱机工作"命令，如图 10-17 所示，清除其复选标记，即进入联机状态。

图 10-16 选择脱机方式

图 10-17 选择联机方式

8. 当前页的 HTML 源文件

用户在使用 Internet Explorer 查看主页时，也可以查看当前页的 HTML 源文件。

例如，打开"百度"主页后，查看当前"百度"主页的 HTML 源文件。操作方法如下：

（1）选择"查看"→"源"命令，打开当前页的 HTML 源文件，如图 10-18 所示。

（2）根据需要对其编辑和存盘。

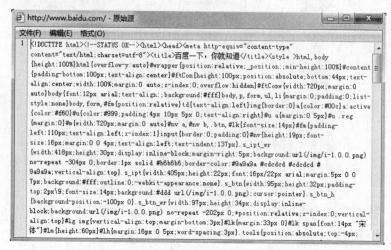

图 10-18　打开当前页的 HTML 源文件

实验十一 │ 搜索引擎的使用

【实验目的】

掌握搜索引擎的常用搜索方法，能熟练运用搜索引擎在 Internet 上查询需要的信息。

【实验内容】

（1）搜索引擎的常用搜索。

（2）搜索引擎的图片搜索、新闻组搜索以及地图搜索。

【实验步骤】

本实验以搜索引擎 Google 为例进行信息搜索。

一、查询进入 Google 首页

在 Internet Explorer 的地址栏输入 Google 的域名：http://www.Google.com.hk 并按【Enter】键，则出现搜索引擎 Google 的首页，如图 11-1 所示。

图 11-1　搜索引擎 Google 的首页

Google 首页的上方，排列了诸多功能模块：搜索、图片、地图和新闻等。默认是网站搜索。可以根据需要选择相应的功能模块。

二、基本搜索

1. 单个关键字的搜索

进行搜索时，只需在搜索框内输入相关信息的关键字，然后单击下面的"Google 搜索"按钮（或者直接按【Enter】键）即可。例如搜索有关宋代文学家苏轼的信息，则在搜索框内输入："苏轼"，如图 11-2 所示。

图 11-2　Google 对关键字"苏轼"的搜索

2. 两个及两个以上关键字的搜索

Google 用空格表示逻辑"与"操作。例如，搜索所有包含关键词"文学家"和"曹操"的中文网页，则相应的搜索关键字为："文学家 曹操"，搜索结果如图 11-3 所示。

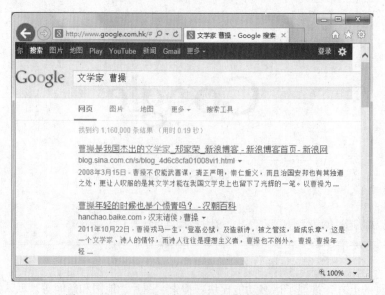

图 11-3　Google 对关键字"文学家 曹操"的搜索

3. 不包含某些特定信息的搜索

Google 用减号 "−" 表示逻辑 "非" 操作。"A−B" 表示搜索包含 A 但没有 B 的网页。例如，搜索所有包含 "文学家" 和 "曹操"，但不含 "军事家" 和 "政治家" 的中文网页，则相应的搜索关键字为："文学家 曹操−军事家−政治家"，搜索结果如图 11-4 所示。

> **◎注意**
>
> 这里的 "　" 和 "-" 号，是英文字符，而不是中文字符的 "＋" 和 "−"。此外，操作符与作用的关键字之间，不能有空格。

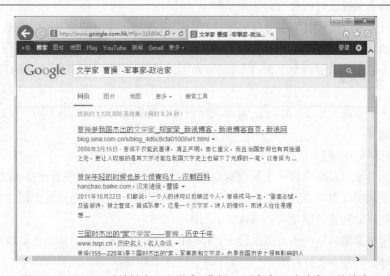

图 11-4　Google 对关键字 "文学家 曹操 −军事家 −政治家" 的搜索

4. 至少包含多个关键字中的任意一个的搜索

Google 用大写的 OR 表示逻辑 "或" 操作。A OR B 表示搜索包含 A 或包含 B 的网页。例如，搜索包含 "计算机病毒" 和 "木马" 或 "蠕虫" 的中文网页，则相应的搜索关键字为："计算机病毒 木马 OR 蠕虫"，搜索结果如图 11-5 所示。

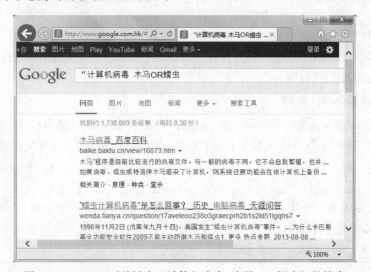

图 11-5　Google 对关键字 "计算机病毒 木马 OR 蠕虫" 的搜索

◎注意

　　"与"操作必须用大写的 OR，而不是小写的 or。

　　以上介绍了 Google 搜索引擎最基本的语法"与"、"非"和"或"，这三种搜索语法 Google 分别用" "（空格）、"-"和 OR 表示。由此得到缩小搜索范围，迅速找到目标的一般方法为：目标信息一定含有的关键字（用" "连起来），目标信息不能含有的关键字（用"-"去掉），目标信息可能含有的关键字（用 OR 连起来）。

　　另外，在输入关键字时的有关语法规定如下：

　　（1）通配符。多数搜索引擎支持通配符，如"*"代表一连串字符，"?"代表单个字符等。目前 Google 对通配符支持有限，可以用"*"来替代单个字符，而且包含"*"必须用""引起来。如"苏轼*集"，表示搜索前两个字为"苏轼"，末字为"集"的四字短语，中间的"*"可以为任何字符。

　　（2）关键字字母的大小写。Google 对英文字符大小写没有区分，如 COMPUTER 和 computer 表示相同的关键字。

　　（3）短语或语句的搜索

　　Google 的关键字可以是单词（中间没有空格），也可以是短语（中间有空格）。但是，用短语做关键字，必须加英文引号，否则空格会被当作"与"操作符。例如搜索关于第二次世界大战的英文信息，则相应的搜索关键字为："world war II"

　　（4）搜索引擎忽略的字符以及强制搜索。Google 对一些网络上出现频率极高的英文单词，如 i、com、www 等，以及一些符号如"*"、"."等，作忽略处理。

　　如果要对忽略的关键字进行强制搜索，则需要在该关键字前加上明文的"+"号；或者将相应的关键字用英文双引号引起来。例如，搜索关于 www 起源的一些历史资料，则相应的搜索关键字为："+www +的历史"或"www 的历史"。

◎注意

　　大部分常用英文符号（如问号，句号，逗号等）无法成为搜索关键字，加强制也不行。

三、高级搜索

　　简单的搜索语法已经能解决绝大部分问题了，但是，如果想更迅速更贴切地找到需要的信息，则需要掌握更高级的搜索方法。

1. 对搜索的网站进行限制

　　Google 使用 site 表示搜索结果局限于某个具体网站或者网站频道。如果是要排除某网站或者域名范围内的页面，只需用"-网站/域名"。例如，搜索新浪科技频道中关于计算机病毒和木马的信息。相应的搜索关键字为："计算机病毒 木马 site:tech.sina.com.cn"，搜索结果如图 11-6 所示。

◎注意

　　site 后的冒号为英文字符，而且冒号后不能有空格，否则，site:将被作为一个搜索的关键字。此外，网站域名不能有 http://前缀，也不能有任何"/"的目录后缀；网站频道则只局限于"频道名.域名"方式，而不能是"域名/频道名"方式。

图 11-6 Google 对关键字"计算机病毒 木马 site:tech.sina.com.cn"的搜索

2．在某一类文件中查找信息

Google 使用 filetype:表示搜索结果局限于某种类型的文档。目前，Google 已经能检索的文档如：.xls、.ppt、.doc，.rtf，WordPerfect 文档，Lotus1-2-3 文档，.pdf 文档，.swf 文档（Flash 动画）等。例如，搜索关于蠕虫病毒方面的 PDF 文档。相应的搜索关键字为："蠕虫病毒 filetype:pdf"，搜索结果如图 11-7 所示。

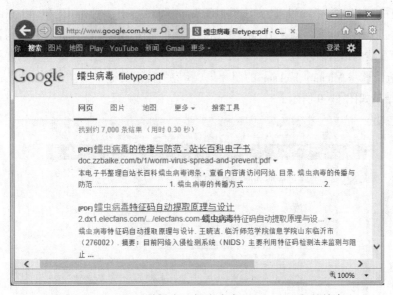

图 11-7 Google 对关键字"蠕虫病毒 filetype:pdf"的搜索

3．搜索的关键字包含在 URL 链接中

Google 使用 inurl 表示返回的网页链接中包含第一个关键字，后面的关键字则出现在链接中或者网页文档中。例如，搜索 MP3 歌曲"南泥湾"。相应的搜索关键字为："inurl:MP3 南泥湾"，搜索结果如图 11-8 所示。

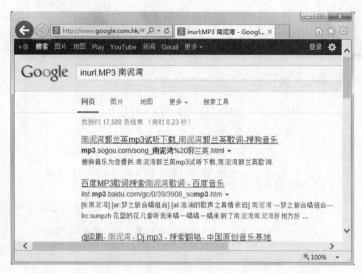

图 11-8　Google 对关键字"inurl:MP3 南泥湾"的搜索

◎注意

inurl:后面不能有空格，Google 也不对 URL 符号如"/"进行搜索。

Google 使用 allinurl 表示返回的网页的链接中包含所有作用关键字。这个查询的关键字只集中于网页的链接字符串。

4．搜索的关键字包含在网页标题中

Google 使用 intitle 和 allintitle 的方法类似于 inurl 和 allinurl，但 intitle 和 allintitle 搜索的对象是网页的标题栏。网页标题，就是 HTML 中 title 之间的部分。网页设计的一个原则就是要把主页的关键内容用简洁的语言表示在网页标题中。因此，只查询标题栏，通常可找到高相关率的专题页面。例如，查找歌星 Michael Jackson 的照片集。相应的搜索关键字为："intitle:Michael Jackson 写真集"，搜索结果如图 11-9 所示。

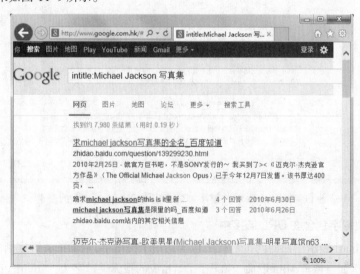

图 11-9　Google 对关键字"intitle:Michael Jackson 写真集"的搜索

5.搜索的关键字包含在网页的 anchor 链点内

anchor 是在同一个网页中快速切换链接点。与 URL 和 TITLE 类似,Google 提供了两种对 anchor 的检索, inanchor 和 allinCnchor。

四、图片搜索

通过 Google 首页的"图像"链接就可进入 Google 的图像搜索界面 images.Google.com。在关键字栏位内输入描述图像内容的关键字。Google 的搜索结果具有一个直观的缩略图(THUMBNAIL),以及对该缩略图的简单描述,如图像文件名称,以及大小等。单击缩略图,页面分成两祯,上祯是图像之缩略图,以及页面链接,而下祯,则是该图像所处的页面。屏幕右上角有一个 Remove Frame 的按钮,可以把框架页面迅速切换到单祯的结果页面。

Google 图像搜索目前支持的语法包括基本的搜索语法如" "、"-"、OR、site 和 filetype:。其中 filetype:的后缀只能是几种限定的图片类似, 如 JPG, GIF 等。

例如,搜索新浪网上苹果手机的图片。相应的搜索关键字为:"苹果手机　site:sina.com.cn", 搜索结果如图 11-10 所示。

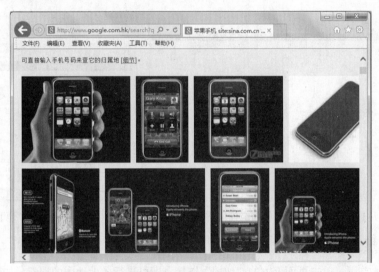

图 11-10　Google 对关键字"苹果手机　site:sina.com.cn"的搜索

images.google.com 作为专门的图片搜索引擎,实际上有其特殊的用途。例如,互联网上苹果手机的照片成千上万,但是, 它们是分散的,往往随机分布于各种新闻报道之中。使用 images.google.com 就很方便。但是,如果查找的图片在网上有很多主题"gallary",诸如电影电视明星的照片,则明显就不适合用 images.google.com 来查找。因此,如果要搜索的图片是分散的, 则用 google 图片搜索;如果要搜索的图片通常是处于某个图片集合中的,则不适合用 google 图片搜索。

五、新闻组搜索

进入 Google 首页,单击页面上方的"新闻"链接,如图 11-11 所示。

图 11-11 Google 新闻组搜索页面

有两种信息搜索方式。一种是一层层的单击进入特定主题讨论组，另一种则是直接搜索。例如，搜索新闻组中关于玛雅文化的讨论信息，搜索关键字为："玛雅文化"（见图 11-12），搜索结果如图 11-13 所示。

图 11-12 Google 新闻组的高级搜索界面　　　　图 11-13 Google 对"玛雅文化"的搜索

六、地图搜索

进入 Google 首页，单击页面上方的"地图"链接，即可进行各地地图的搜索，如图 11-14 所示。

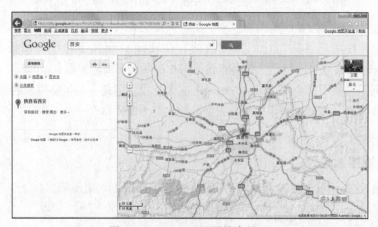

图 11-14 Google 地图搜索界面

实验十二 | 电子邮箱的使用

【实验目的】

（1）掌握申请免费邮箱的方法。

（2）掌握电子邮件的撰写与发送，以及接收与阅读的方法。

（3）掌握电子邮箱中通讯录和文件夹的操作与使用方法。

（4）了解电子邮箱的选项设置方法。

【实验内容】

（1）申请免费邮箱。

（2）电子邮件的撰写、发送、接收、阅读以及处理。

（3）电子邮箱中通讯录的操作与使用。

（4）电子邮箱中文件夹的操作与使用。

（5）电子邮箱的选项设置。

【实验步骤】

互联网上的提供电子邮箱服务的网站很多，如：www.126.com、www.163.com、www.sohu.com、www.sina.com.cn、www.yahoo.com.cn 等，有的是收费服务，有的是免费服务。

在此以 www.126.com 为例，进行免费电子邮件的操作实验。

一、申请与登录免费电子邮箱

（1）进入邮箱服务网站 www.126.com，其页面如图 12-1 所示。

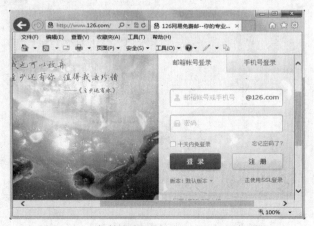

图 12-1　邮箱服务网站 www.126.com 主页面

（2）在邮箱服务网站的主页面单击"注册"按钮，进入"创建一个新的 126 邮箱地址"页面，如图 12-2 所示。

输入用户名成功（所输入用户名未被占用）时，单击"下一步"按钮，进入邮箱设置与个人资料输入页面，如图 12-3 所示。注意，邮箱一旦申请成功，用户名将无法修改。

按照提示输入相关信息，直到完成注册。只要注册成功，以后就可以在 www.126.com 网站上直接登录自己的邮箱，通过这个邮箱，你可以在网上收发电子邮件了。

◎注意

　　邮箱的用户名以及密码的选择应方便自己记忆，同时要妥善保管自己的邮箱密码，以防被盗用进行非法活动。

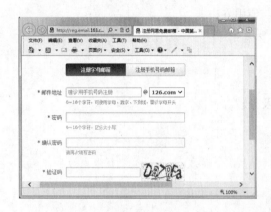

图 12-2　"注册字母邮箱"页面　　　　图 12-3　邮箱设置与个人资料输入页面

（3）登录免费电子邮箱。

当拥有电子邮箱后，可以登录相应的邮箱服务网站。输入用户名以及密码，如图 12-4 所示，单击"登录邮箱"按钮即可进入自己的电子邮箱页面，如图 12-5 所示。

图 12-4　126 邮箱服务网站登录页面

图 12-5　126 电子邮箱页面

二、电子邮件的撰写与发送

1．撰写、发送简单电子邮件

在电子邮箱页面单击"写信"按钮，进入写信页面，如图 12-6 所示。首先输入"收信人"的电子邮箱，以及主题（关于本邮件的内容说明，通常描述为简单几个字）；然后在正文处撰写邮件内容，格式通常与普通纸制书信相同，也可以根据个人习惯书写；邮件书写完成后，单击"发送"按钮就可以将邮件发送到指定邮箱。

从返回结果页面可以了解邮件发送情况，提示"邮件发送成功"或"邮件发送失败"等信息，若发送失败，通常情况下是"收信人"电子邮箱地址不正确。

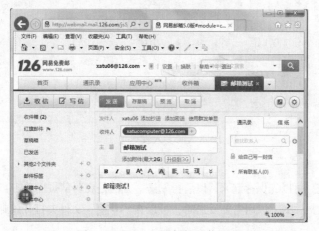

图 12-6　126 电子邮箱写信页面

2．发送带附件的电子邮件

在写信页面，正确输入了"收信人"电子邮箱，以及主题等内容后，单击"附件"按钮，弹出"选择文件"对话框，如图 12-7 所示。浏览文件，选择要发送的文件后，单击"打开"按钮会返回写信页面，此时要发送的文件名已经出现在"附件"按钮之后。如果要删除已添加的附件，则单击附件旁边的"×"。要附加另一个文件，可重复上面的操作。注意，附件总量不能超过发送限制的大小，126 免费邮箱最大可发送 2 GB 附件。单击"发送"按钮就可以将带附件的邮件发送到指定邮箱。

图 12-7   向邮件添加附件的选择文件对话框

3. 向多人发送电子邮件

将多人的电子邮件地址可以分别写在"收信人"、"抄送"或"密送"中。然后书写邮件并发送即可，如图 12-8 所示。126 免费邮箱的一封邮件最多发送给 20 个收件人。

图 12-8   向多人发送电子邮件

4. 电子邮件草稿

若邮件还没写完，可以先保存起来，以后再发送。方法是在写信页面单击"存草稿"按钮，信件将被存放到"草稿"文件夹，以后需要发送时，可以在"草稿"文件夹打开该邮件，编辑后再发送。

三、电子邮件的接收、阅读与处理

1. 接收电子邮件

在电子邮箱页面单击"收信"按钮，就可以进入收件箱，查看收到的邮件，如图 12-9 所示。邮件列表默认是按日期来排序的，日期最晚的邮件排在最前面，很可能新邮件显示的是很久以前的日期，在邮箱后几页中，此时，需要单击"下一页"按钮，直到找到新邮件。或者单击邮箱内页左边属性菜单中的"收件箱"链接，将会显示所有的新邮件。

图 12-9　126 电子邮箱收件箱邮件列表页面

2．阅读电子邮件

在收件箱的邮件列表直接双击邮件发件人或者邮件主题即可阅读邮件。如果接收到包含附件的邮件（在邮件列表页面，发件人旁边有一个曲别针图形 ⬤）。要查看附件：首先打开包含附件的邮件，附件列表会在邮件正文上面显示；然后单击附件名称，会弹出的窗口并弹出"文件下载"对话框，如图 12-10 所示。单击"保存"按钮，则可以将附件下载到指定磁盘中。阅读完附件后，关闭窗口返回 126 免费邮箱。

图 12-10　邮件附件的文件下载对话框

不同类型的附件打开方式不同，以下是常见的几种文件格式及打开方式，如表 12-1 所示。

表 12-1　不同类型附件的打开方式

未识别格式，尝试记事本打开	文本，记事本打开
Excel 文档，微软 Excel 打开	Word 文档，微软 Word 打开
幻灯片，微软 PowerPoint 打开	可执行程序，双击打开（谨慎使用）
字体，双击打开	网页，浏览器 IE 打开
编译 HTM，双击打开	帮助，双击打开
脚本，记事本打开	PDF 文档，AdobeReader 打开
ZIP 压缩，WinRAR 打开	RAR 压缩，WinRAR 打开
音乐，MediaPlayer 或 RealPlayer 打开	图片，ACDSee 打开

3. 回复电子邮件

当阅读了某个邮件，在邮件阅读窗口中单击"回复"按钮，就可以对此邮件的发送者进行邮件回复。与写信不同之处在于，此时收信人的地址以及主题都已经写好，用户只需填写邮件内容或添加附件，然后直接发送即可。

4. 转发电子邮件

首先选中希望转发的邮件，然后单击阅读信件页面上方的"更多"按钮，弹出写信页面，与写信不同之处在于，此时的邮件内容以及附加信息就是需要转发的邮件内容，而用户只需在地址栏输入需要转发的地址。最后单击发送即可。

在转发电子邮件时，可以直接转发，也可以修改后转发或者以附件形式转发，如图 12-11 所示。

图 12-11　电子邮件的转发形式

5. 删除电子邮件

如果确定不需要某封来信，可以选择执行以下操作：

① 删除邮件：选中要删除的邮件（在邮件前面打√），单击页面上方的"删除"按钮，即可将邮件删除到"已删除"文件夹。

② 彻底删除邮件：若要删除"已删除"文件夹中的邮件。打开"已删除"文件夹，选择需要彻底删除的邮件，单击"删除"按钮完成；单击"清空"按钮将彻底删除"已删除"文件夹中的全部邮件。

◎注意

彻底删除的邮件不可以再还原，因此，请慎用此项操作。

6. 排列电子邮件顺序

当查看文件夹的邮件列表时，文件夹内的邮件会自动地按照发送的日期排序。如果需要按照其他关键字排序，请单击"查看"按钮的"排序"菜单下的其他菜单命令，可以分别按照"时间"，"发件人"和"主题"进行升降序排列。

7. 分类查看电子邮件

在阅读信件页面上有一个"查看"按钮，单击旁边向下的箭头，可以按"全部"、"未读"、和菜单"其他状态"，"其他状态"菜单包含"已读"、"已回复"、"已转发"等类型列出相应类型的邮件，如图 12-12 所示。

图 12-12　电子邮件的查看类型

四、邮箱文件夹管理

1. 邮箱系统文件夹

在 126 电子邮箱页面的左栏中，列有系统配置的文件夹：收件箱、草稿箱、已发送、已删除、垃圾邮件等。

"收件箱"文件夹：用来存放用户收到的电子邮件。

"草稿箱"文件夹：用来存放用户编辑的未发送的邮件。

"已发送"文件夹：用来存放用户发送的电子邮件，可通过"选项"根据用户的要求来设置来是否保存发送的邮件。

"已删除"文件夹：用来保存被用户删除的邮件。一般情况下，邮件不会自动删除。但如果将邮件放在"已删除"文件夹，126 邮箱服务系统会一个星期清除一次"已删除"文件夹内的信。因此，不要把有用的邮件放在"已删除"文件夹中。

"垃圾邮件"文件夹：用来保存用户收到的垃圾邮件。垃圾邮件泛指未经请求而发送的电子邮件，如未经发件人请求而发送的商业广告或非法的电子邮件。

此外，用户可以创建和使用自己的文件夹。通常将相同类别的文件组织到同一个文件夹中，即进行邮件的分类组织。单击邮箱页面左栏中的"其他 2 个文件夹"，即可进入"文件夹"页面，如图 12-13 所示。

2. 文件夹的操作

（1）创建文件夹：在"其他 3 个文件夹"页面中右击，在弹出的快捷菜单中选择"新建文件夹"命令，在出现的文本框中输入文件夹名称，然后按【Enter】键即可。

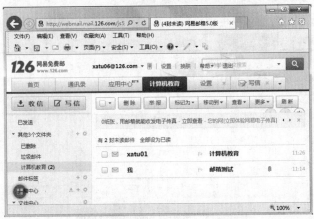

图 12-13　126 电子邮箱的文件夹页面

（2）重命名文件夹：在"文件夹"页面中，右击需要重新命名的文件夹，选择快捷菜单中的"重命名"命令，在弹出的对话框中输入新的文件夹名称，单击"确定"按钮即可。

（3）删除文件夹：如果要删除该文件夹，应先选中文件夹中的邮件，然后单击上方的"删除"按钮。注意：在该文件夹下的邮件不会被彻底删掉，这些邮件将被转移到"已删除"文件夹。

3．文件夹的使用

最常用的操作是将邮件转移到其他文件夹。首先，查看含有要转移的信件的文件夹（可以是"收件箱"或其他文件夹）；选中要转移的邮件；单击页面上方的"转移"按钮；最后，从下拉列表中选择目标文件夹。这样，被选中的信件就被转移到了指定文件夹中，如图 12-14 所示。

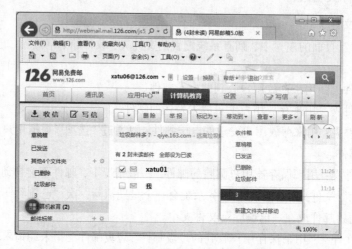

图 12-14　邮件转移到指定文件夹

五、通讯录的管理

1．"通讯录"的使用

在 126 电子邮箱页面上方，单击"通讯录"选项卡，会出现通讯录页面，如图 12-15 所示。

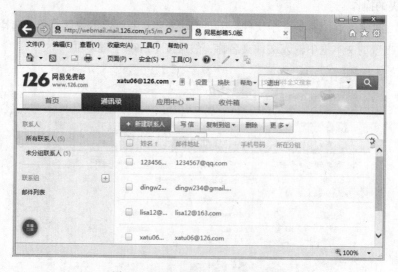

图 12-15　电子邮箱的通讯录页面

通讯录页面中显示联系人的姓名和 E-mail 地址，右击地址，在弹出的快捷菜单中列出了可进行的操作。

写信时，只需单击写信页面收件人地址栏右侧的"显示通讯录"，就会在写信页面的右侧列出"通讯录"的内容，在已建立好的通讯录上选择收件人即可，无须再手动输入收件人地址。

2．添加或删除联系人/组

单击邮箱页面上方的"通讯录"链接；或者在写信页面右边的通讯录列表，单击"编辑"按钮，将会进入通讯录页面。在通讯录页面单击"添加联系人"按钮，根据页面提示填写联系人资料；单击"确定"按钮即可以添加新的联系人。

如果要删除联系人资料，先在其邮箱地址前打√，选中联系人，然后单击页面上的"删除"按钮，系统就会弹出确认信息："您真的要删除这些地址项吗？"，再单击"确定"按钮，就可将选中的地址资料删除。

若要一次删除所有联系人，进入"通讯录"页面，选择联系人列表中的"全选"复选框，然后单击"删除"按钮。

添加或删除一个联系组与添加或删除一个联系人的方法类似。

3．编辑联系人/组资料

若要编辑联系人资料，单击位于最右侧的"显示资料"链接，在不可编辑的表格中查看详细资料以确认是否需要修改，如果需要修改，请单击"修改"按钮。也可以单击联系人列表操作栏的"编辑"按钮，直接进入修改页面。

若要编辑联系组资料，在联系组页面右边"操作"栏中单击"编辑"按钮，可编辑该组的组名，添加、删除该组的组员。

六、邮箱选项设置

126 邮箱服务网站为用户提供了关于电子邮箱的选项设置，如图 12-16 所示。

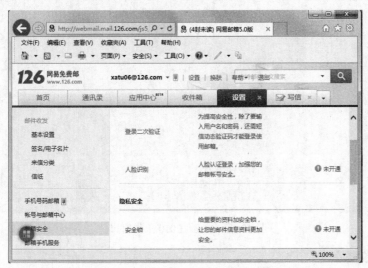

图 12-16　电子邮箱的选项设置页面

实验十三 ‖ Access 2010 数据库操作

【实验目的】

（1）掌握 Office Access 2010 数据库管理系统建立并应用数据库的方法。

（2）掌握 Access 数据库查询方法。

【实验内容】

（1）创建数据库，并建立数据表，以及数据表之间的关系。

（2）分别使用"在设计视图中创建查询"和"使用向导创建查询"两种方法建立数据查询。

【实验步骤】

本实验要求通过使用 Access 建立一个个人图书管理系统（可包含音乐 CD、数据光盘、电子书等），对个人图书进行有效的管理。Access 2010 的工作窗口如图 13-1 所示，包括标题栏、菜单栏、工具栏、工作区、任务窗格、状态栏等部分。

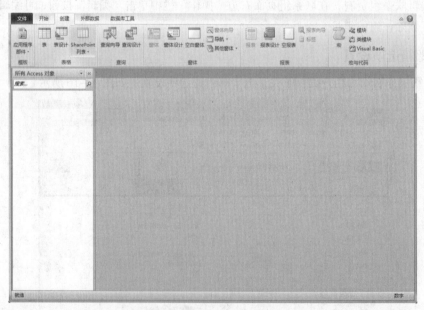

图 13-1　Access 2010 工作窗口

一、创建数据库

（1）启动 Access 2010 后，选择"文件"选项中的"新建"命令，在右侧区域中出现有关操作选项，如图 13-2 所示。

（2）在"新建文件"任务窗格中单击"空数据库"链接，在右侧"文件名"文本框中输入名称，单击"创建"按钮，如图 13-3 所示。

图 13-2　新建数据库

图 13-3　"文件新建数据库"对话框

（3）本例命名为 book，选择保存路径为"我的文档"，保存类型为"Microsoft Office Access 数据库"，工作区弹出"book：数据库"窗口。此时，数据库 book.mdb 就创建成功了。

二、建立图书基本信息表

在 Access 中，"表"是规划数据库的核心，其主要作用是按照一定的结构保存所有数据，其他如查询、报表等操作都在此基础上才能完成。

（1）设计表结构。图书信息有很多，在本例中，创建的图书基本信息数据表设置了序号、书名、作者、出版社、购买日期、定价、图书类别、介质和内容简介等几个基本字段。

（2）单击数据库主窗口上方"创建"功能区"表格"分组中的"表设计"按钮，弹出表设计窗口，如图 13-4 所示。

图 13-4　表设计窗口

（3）设置数据表各个字段的名称、数据类型等信息。

① 在"字段名称"单元格中输入字段名称，可以输入中文或英文名称。

② "数据类型"单元格中用来设置该字段的类型，可以从下拉列表中选择具体的类型。

③ 在窗口下面字段属性中的"常规"选项卡中，可以对数据类型进行具体的设置，对于不同

的数据类型，"常规"选项卡中会列出不同的参数。图 13-5 所示为文本类型和货币类型对应的属性。

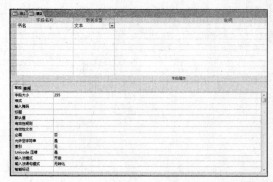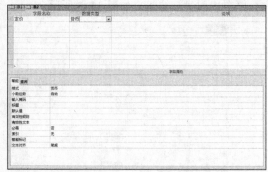

图 13-5　文本类型和货币类型对应的属性

本例中，"序号"字段的数据类型设置为"自动编号"，"购买日期"字段的数据类型设置为"日期/时间"，"定价"字段的数据类型设置为"货币"，"内容简介"字段的数据类型设置为"备注"，其他字段的数据类型都设置为"文本"。

在窗口下面的字段属性区域对数据类型进行具体设置，例如，"文本"数据类型的默认长度是 50 个字符，对于"书名"字段，可在其"常规"选项卡中将"字段大小"改为 255，而"作者"字段可设为 20 个字符。

（4）为数据表设置主键字段。Access 建议每个数据表都要设置一个主键字段，这样才能定义与数据库中其他表间的关系。单击"序号"单元格，然后单击"表格工具"/"设计"功能区的"工具"分组中的"主键"按钮，就可以把此字段设置为主键，如图 13-6 所示。

（5）保存数据表。完成所有字段及数据类型的设置之后，数据表框架设计结束。按【Ctrl+S】组合键进行保存，第一次保存数据表时将会弹出一个"另存为"对话框，如图 13-7 所示，输入数据表名称（本例为"图书基本信息"）后确认即可。

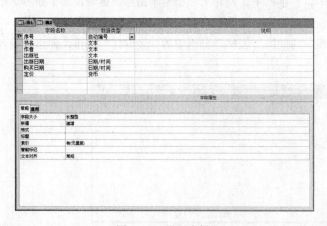

图 13-6　设置主键　　　　　　　　　　　　图 13-7　"另存为"对话框

（6）向数据表输入数据。关闭设计视图窗口，这时数据库主窗口中会出现刚才保存的"图书基本信息"表，双击打开此表后进入数据表视图窗口，就可以在数据表中添加数据了。数据输入方法与在 Excel 中相似，先单击某单元格再输入即可，按【Tab】键或【Enter】键可快速进入下一个单元格，按方向键也可快速在不同单元格之间切换。

在本例中，“序号”字段设置为自动编号类型，因此不需要手工输入，软件会自动按顺序填写数字；“出版日期”和“购买日期”字段选择“日期/时间”类型，如输入“10/11/2”或“10-11-02”，系统都会自动转换成标准格式“2010-11-2”；“定价”字段选择的是货币类型，输入数字并确认后，系统会自动加上符号“¥”，如图 13-8 所示。

图书基本信息

序号	书名	作者	出版社	出版日期	购买日期	定价	图书类别	介质
1	photoshop	应勤	清华大学出版	2002-6-1		¥34.00	计算机	纸质
2	猫和老鼠	米高梅	福建音像出版		2006-5-4	¥20.00	休闲娱乐	DVD
3	秦腔	贾平凹	作家出版社	2005-5-4		¥28.00	文学	纸质
4	格林童话精选	格林兄弟	人民文学出版	1994-1-1		¥21.00	文学	纸质
5	人类的故事	房龙	北京出版社	1999-1-1		¥21.00	文学	纸质
6	杨尚昆日记	杨尚昆	中央文献出版	2001-9-1		¥90.00	历史	纸质
7	高级英语听力	谭志明	陕西旅游出版	2003-9-1		¥14.50	英语	纸质
8	最新高级英语	谭志明	世界图书出版	2000-8-1		¥18.90	英语	硬盘
9	许国璋英语3	许国璋	外语教学与研	1992-9-1		¥17.80	英语	纸质
10	许国璋英语4	许国璋	外语教学与研	1992-9-1		¥13.80	英语	纸质
11	安徒生童话	安徒生	中国少年儿童	1991-1-1		¥88.00	文学	纸质
* (新建)								

记录: 第 12 项(共 12 项) 无筛选器 搜索

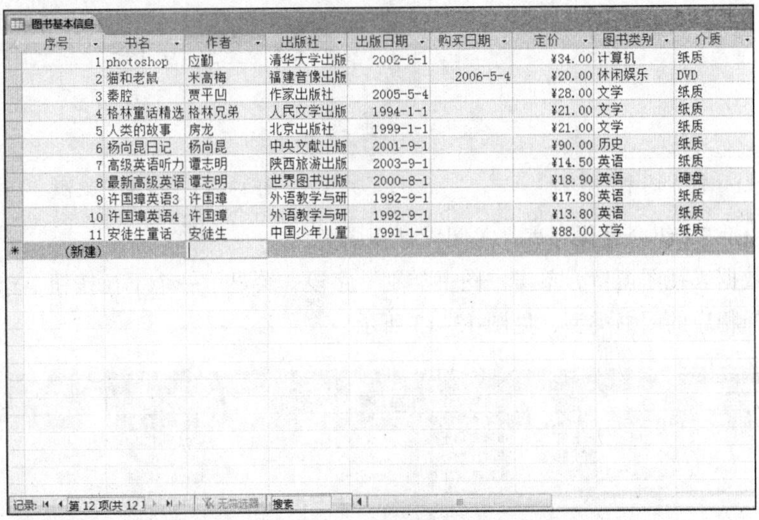

图 13-8　向数据表输入数据

三、建立图书类别表、图书介质表以及数据表之间的关系

本例中将图书大致归为计算机、艺术、英语、饮食、哲学、历史、娱乐休闲、其他共 8 类。

1. 建立“分类”数据表

（1）单击“表设计”选项创建一个新的数据表，命名为“分类”。

（2）在表中只设置一个字段，名称为“类别”，数据类型为文本类型。

（3）不设置主键，在保存时会提示“尚未定义主键”，如图 13-9 所示，单击“否”按钮。

（4）关闭设计视图窗口，向数据表输入数据，输入图书的类别，如图 13-10 所示。

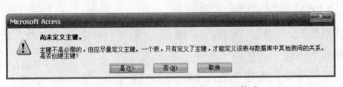

图 13-9　“尚未定义主键”提示信息

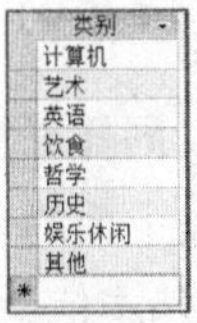

图 13-10　输入图书的类别

2. 创建“介质”表和“分类”表，并建立与“图书基本信息”表之间的关系

（1）在数据库主窗口选择“图书基本信息”表，单击“设计”按钮进入设计视图窗口。

（2）单击表中“图书类别”字段，选择字段属性栏中的“查阅”选项卡，如图 13-11 所示。

（3）单击“显示控件”后面的文本框，在下拉列表中选择“组合框”选项，将“行来源类型”设置为“表/查询”。

（4）单击“行来源”后面的文本框，从下拉列表中选择刚才建立的“类”表，如图 13-12 所示。

图 13-11   输入图书的类别

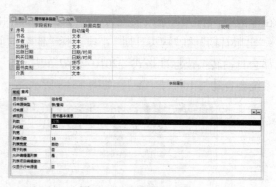

图 13-12   设置行来源

（5）按【Ctrl+S】组合键保存表，关闭设计视图窗口。

（6）打开数据表视图窗口，单击"图书类别"字段，会显示一个下拉按钮，单击后弹出下拉列表，可以选择相应的图书类型，见图 13-13 所示。

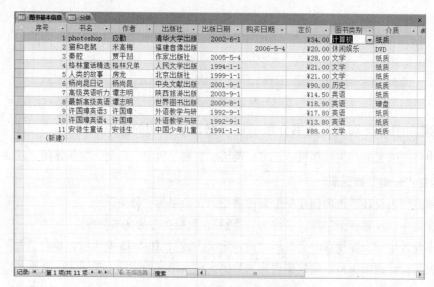

图 13-13   选择图书的类别

（7）以同样方法把介质设置为"纸质"、"CD"、"DVD"、"硬盘"，创建一个名为"介质"的新表，再按上面的方法将其与"图书基本信息"表中的"介质"字段绑定。

"图书基本信息"表与"介质"表、"分类"表建立的关系如图 13-14 所示。

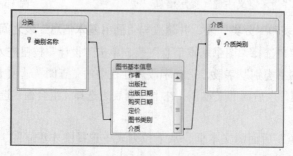

图 13-14   "图书基本信息"表、"介质"表、"分类"表之间的关系

3．创建图书基本信息输入窗体

当需要输入的数据量很大时，在表格中输入既不方便也容易出错。这时可借助 Access 的窗体功能，使数据输入更为直观、方便。

（1）在数据库主窗口单击"创建"功能区"窗体"分组中的"窗体向导"按钮，打开"窗体向导"对话框，如图 13-15 所示。

（2）在"表/查询"下拉列表框中选中"图书基本信息"表，然后单击中间的">>"按钮将"可用字段"列表框中的所有字段都加到"选定的字段"列表框中。

（3）单击"下一步"按钮，在弹出的对话框中设置窗体的排列方式，这里选择"纵栏表"样式，如图 13-16 所示。

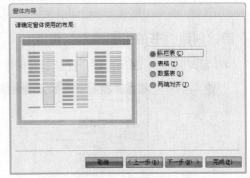

图 13-15　窗体向导　　　　　　　　　图 13-16　设置窗体的排列方式

（4）单击"下一步"按钮，为窗体指定一个标题，在此使用默认值"图书基本信息"。如图 13-17 所示。

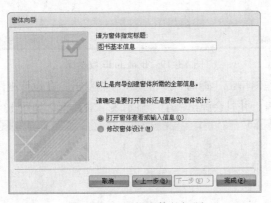

图 13-17　选择窗体的标题

（5）单击"完成"按钮，窗体创建结束。

（6）默认情况下，窗体创建完成后会自动打开，可以直接输入数据。也可以在数据库主窗口的"窗体"对象列表中双击窗体将其打开，如图 13-18 所示。到目前为止，数据库的基本设计已完成。

在输入过程中，按【Tab】键、【Enter】键、方向键可以在各个文本框中快速切换。输入完一条记录后，会自动进入下一条记录，也可以通过下面的多个导航按钮在所有图书记录中进行浏览、修改。

图 13-18　"图书基本信息"窗体

四、创建"书的完整清单"查询

（1）启动 Access 2010，在"打开"对话框中打开数据库 book.mdb，如图 13-19 所示。

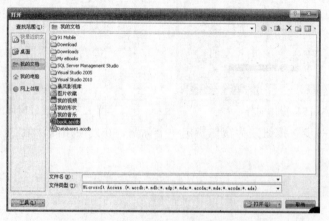

图 13-19　book.mdb 数据库

（2）数据库主窗口左侧单击"查询"按钮，在右侧双击"在设计视图中创建查询"选项，将会显示查询设计视图窗口，并且会弹出一个"显示表"对话框，如图 13-20 所示。

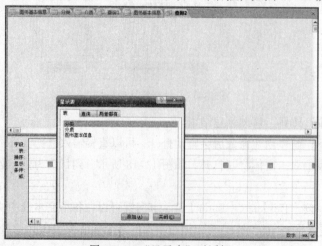

图 13-20　"显示表"对话框

（3）选中"图书基本信息"表后单击"添加"按钮，将其加到查询设计视图中，单击"关闭"按钮关闭"显示表"对话框，如图 13-21 所示。

图 13-21　"选择查询"窗口

（4）选择"图书基本信息"窗口中的"*"，即将"图书基本信息"表中的全部字段都放入查询中，将新创建的查询命名为"所有图书"，然后单击"确定"按钮，返回 book 数据库主窗口。

（5）在 book 数据库主窗口中单击　，查看刚才创建的查询执行结果，如图 13-22 所示。

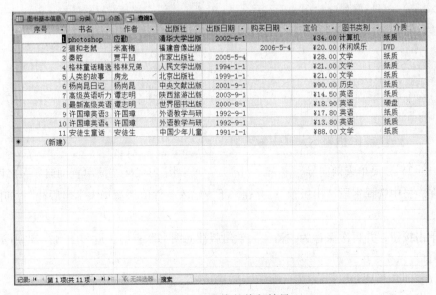

图 13-22　查询的执行结果

五、创建"中国铁道出版社出版的图书"查询

使用第二种查询创建方式，即"使用向导创建查询"来创建"铁道出版社出版的图书"查询，具体操作如下：

（1）在 book 数据库主窗口双击"使用向导创建查询"选项，弹出图 13-23 所示的对话框，在"表/查询"下拉列表框选择"图书基本信息"表。

（2）将"图书基本信息"表中的所有字段通过单击 **>>** 按钮添加到"选定的字段"列表框中，结果如图 13-24 所示。

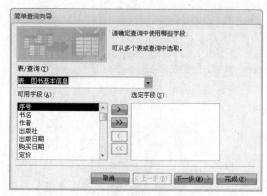

图 13-23　"简单查询向导"之一　　　　　图 13-24　"简单查询向导"之二

（3）单击"下一步"按钮，打开图 13-25 所示的对话框，选中"明细"单选按钮，表示将建立单项查询，而不是汇总结果。

（4）单击"下一步"按钮，打开图 13-26 所示的对话框，将查询命名为"清华大学出版的图书"，并选中"修改查询设计"单选按钮，单击"完成"按钮。

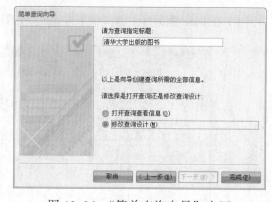

图 13-25　"简单查询向导"之三　　　　　图 13-26　"简单查询向导"之四

（5）在表格中选择字段"出版社"，并在其下方输入条件值"清华大学出版社"，如图 13-27 所示。

（6）单击按钮，并再次保存为"清华大学出版社的图书"查询，返回图 13-28 所示的 book 数据库主窗口。

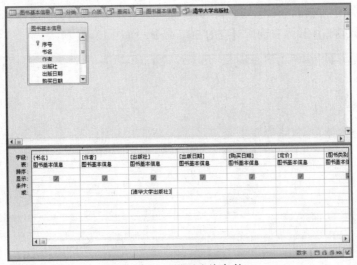

图 13-27　设置查询条件

（7）双击"清华大学出版的图书"，查看刚才创建的查询的执行结果，如图 13-29 所示。

图 13-28　完成查询设计

图 13-29　查看查询的执行结果

六、创建"英语书的数目"查询

（1）仿照上面的方法，创建"英语书的数目"查询。打开"显示表"对话框，如图 13-30 所示。

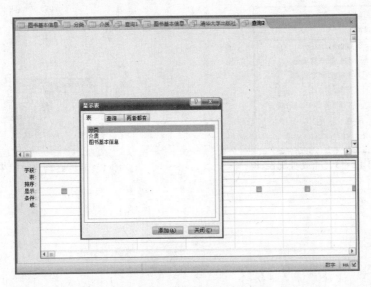

图 13-30　"显示表"对话框

（2）单击"关闭"按钮，右击，在弹出的快捷菜单（见图13-31）中选择"SQL视图"命令，在弹出的语句输入窗口中输入查询所对应的SQL命令，如图13-32所示。

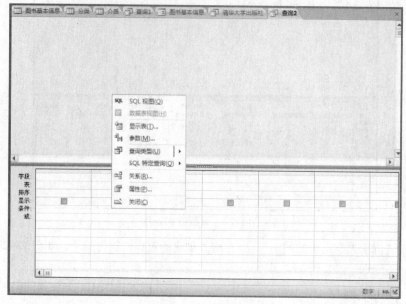

图13-31 快捷菜单

图13-32 输入查询所对应的SQL命令

（3）单击 按钮，并将查询命名为"英语书的数目"，返回book数据库主窗口，如图13-33所示。

（4）双击"英语书的数目"查询，查看刚才创建的查询执行结果，如图13-34所示。

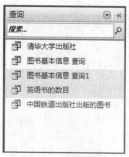

图13-33 完成查询设计

图13-34 查询执行结果

实验十四 常用工具软件的使用

【实验目的】

（1）掌握 Windows 7 中"录音机"、Windows Media Player、"画图"应用程序的使用方法。

（2）掌握常用压缩软件 WinRAR 的使用方法。

【实验内容】

（1）Windows 7 "录音机"的使用。

（2）Windows Media Player 的使用。

（3）Windows 7 "画图"应用程序的使用。

（4）压缩软件 WinRAR 的使用。

【实验步骤】

一、Windows 7 录音机的使用

可使用录音机来录制声音并将其作为音频文件保存在计算机上。可以从不同音频设备录制声音，例如计算机上插入声卡的麦克风。可以从其录音的音频输入源的类型取决于所拥有的音频设备以及声卡上的输入源。

（1）将麦克风的插头插入声卡的 MIC 插孔。

（2）启动"录音机"程序。单击"开始"按钮，选择"所有程序"→"附件"→"录音机"命令，打开"录音机"对话框，如图 14-1 所示。

（3）单击"开始录制"按钮。若要停止录制音频，请单击"停止录制"按钮，如图 14-2 所示。

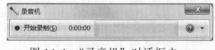

图 14-1 "录音机"对话框之一

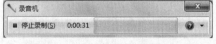

图 14-2 "录音机"对话框之二

（4）如果要继续录制音频（可选），请单击"另存为"对话框中的"取消"按钮，然后单击"继续录制"按钮，如图 14-3 所示。继续录制声音，然后单

图 14-3 "录音机"对话框之三

击"停止录制"按钮，单击"文件名"文本框，为录制的声音输入文件名，然后单击"保存"按钮将录制的声音另存为音频文件，如图 14-4 所示。

图 14-4　"另存为"对话框

二、Windows Media Player 的使用

Windows Media Player 是 Windows 7 所附带的多媒体播放程序，它不但能够播放音频和视频，还可以播放混合型多媒体文件。

1. Windows Media Player 的启动和退出

要启动 Windows Media Player，只需选择"开始"→"所有程序"→Windows Media Player 命令即可。

若要退出该程序，可单击"关闭"按钮，或按【Alt+F4】组合键。

2. Windows Media Player 的窗口组成

Windows Media Player 窗口是由标题栏、播放列表、播放控制区域等组成，如图 14-5 所示。当单击右下角的"切换到正在播放"按钮时，画面会变成当前曲目，如图 14-6 所示。

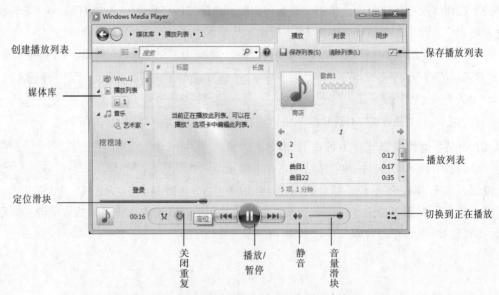

图 14-5　Windows Media Player 应用程序窗口

图 14-6　Windows Media Player 单曲播放窗口

3. 用 Windows Media Player 播放器翻录 CD 光盘

（1）翻录音乐设置：

打开 Windows Media Player 播放器；右击标题栏，在弹出的快捷菜单中选择"工具"→"选项"命令，如图 14-7 所示，在打开的"选项"对话框中选择"翻录音乐"选项卡，如图 14-8 所示。

图 14-7　Windows Media Player 快捷菜单

图 14-8　选项菜单"翻录音乐"选项卡

在打开的"翻录音乐"选项卡中单击"更改"按钮，设置合适的保存位置；在"翻录设置"选项组中"格式"下拉列表框中选择要翻录后的音乐文件格式，如：MP3 等，选择"自动翻录 CD"复选框；设置"音频质量"，移动滑动条选择（根据个人嗜好）；单击"应用"按钮后单击"确定"按钮翻录设置就完成了。

（2）翻录"CD光盘"音乐

将CD光盘放入光驱中，打开"Windows Media Player播放器"，在左栏内找到光驱符号（一般是：未知唱片集.当日年月日），如图14-9所示。

在光驱中放入CD后开始自动翻录，可以在界面左上角进行"翻录设置"或者"停止翻录"，如图14-10所示。

图14-9   "翻录音乐"选项卡

图14-10   更改"翻录设置"或"停止翻录"

翻录完后在保存目录可找到翻录的内容，这样便完成了利用Windows Media Player播放器翻录CD的功能。

三、Windows 7"画图"应用程序的使用

"画图"程序是一个位图编辑器，如图14-11所示。它可以对各种位图格式的图画进行编辑，用户可以自己绘制图画，也可以对扫描的图片进行编辑修改，在编辑完成后，可以以BMP、JPG、GIF等格式保存，还可以发送到桌面和其他文本文档中。

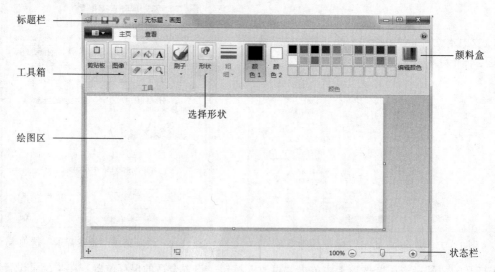

图14-11   Windows 7"画图"应用程序窗口

1. Windows 7"画图"应用程序窗口的构成

（1）标题栏：标明用户正在使用的程序和正在编辑的文件。

（2）工具箱：包含常用的绘图工具和一个辅助选择框，为用户提供多种选择。

（3）颜料盒：由显示多种颜色的小色块组成，用户可以随意改变绘图颜色。

（4）状态栏：内容随鼠标指针的移动而改变，标明了当前鼠标指针所处位置的信息。

（5）绘图区：处于整个界面的中间，为用户提供画布。

2．页面设置

在用户使用画图程序之前，首先要根据自己的实际需要进行画布的选择，也就是要进行页面设置，确定所要绘制的图画大小以及各种具体的格式。用户可以通过选择菜单"打印"→"页面设置"命令来实现，如图 14-12 所示。

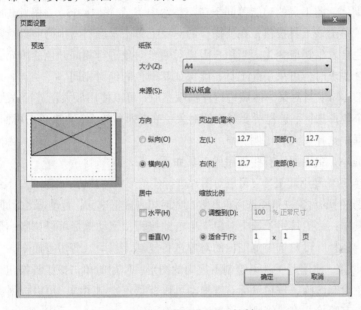

图 14-12　"页面设置"对话框

在"纸张"选项组中的"大小"下拉列表框中可以选择纸张的大小，可从"方向"选项组中选择纸张的方向，还可进行页边距离及缩放比例的调整。当一切设置好之后，用户就可以进行绘画工作了。

3．使用工具箱

工具箱为用户提供了一些常用的工具，当每选择一种工具时，下面的辅助选择框中会出现相应的信息。例如，当选择放大镜工具时，会显示放大的比例，当选择"刷子"工具时，会出现刷子大小及显示方式的选项，用户可自行选择。

（1）铅笔工具 ：用于不规则线条的绘制，直接选择该工具按钮即可使用。线条的颜色依前景色而改变，可通过改变前景色来改变线条的颜色。

（2）填充工具 ：运用此工具可对一个选区进行颜色填充，以达到不同的效果。用户可以从颜料盒中进行颜色的选择，选定某种颜色后，单击可对前景色进行填充，右击用背景色进行填充。在填充时，一定要在封闭的范围内进行，否则整个画布的颜色会发生改变，达不到预想的效果。

（3）文本工具 A：用户可采用文字工具在图画中加入文字。单击此按钮，选择"查看"→"文字工具栏"命令显示出"字体"工具栏便可以用了。在文字输入框内输入文字并且选中,可以设置文字的字体、字号,使文字加粗、倾斜,加下画线,改变文字的显示方向等,如图 14-13 所示。

（4）橡皮工具 ：用于擦除绘图中不需要的部分,用户可根据要擦除的对象范围大小选择合适的橡皮擦。橡皮工具会根据背景而变化,当用户改变其背景色时,橡皮会转换为绘图工具,似于刷子的功能。

（5）取色工具 ：此工具的功能等同于在颜料盒中

图 14-13   在图画中加入文字信息

进行颜色的选择。单击该工具按钮,在要操作的对象上单击,颜料盒中的前景色随之改变,而对其右击,则背景色会发生相应变化。当用户需要对两个对象进行相同颜色的填充,而这时前、背景色的颜色不符合要求时,可采用此工具,能保证其颜色的绝对相同。

（6）放大镜工具 ：当对某一区域进行详细观察时,可以使用放大镜进行放大。选择此工具,绘图区会出现一个矩形选区,选择所要观察的对象,单击即可放大,再次单击可回到原来的状态,可以在辅助选择框中选择放大的比例。

除此六个工具外,主界面还有些常用的工具如下:

（1）裁剪工具 ：利用此工具,可以对图片进行任意形状的裁切。单击此工具按钮,按住鼠标左键不放,对所要进行的对象进行圈选后再释放,此时出现虚框选区,拖动选区,即可看到效果。

（2）选定工具 ：此工具用于选中对象。单击此按钮,拖动鼠标可以拉出一个矩形选区对所要操作的对象进行选择。可对选中范围内的对象进行复制、移动、剪切等操作。

（3）刷子工具 ：使用此工具可绘制不规则的图形。使用时单击该工具按钮,在绘图区拖动鼠标即可以前景色绘制图画,按住鼠标右键拖动可以背景色绘制图画。可以根据需要选择不同的笔刷粗细及形状,有喷枪,书法笔刷。颜料刷,钢笔刷等。

（4）形状工具 ，包含下列多种工具:

直线工具 ：此工具用于直线线条的绘制,先选择所需要的颜色以及在辅助选择框中选择合适的宽度,单击直线工具按钮,拖动鼠标至所需要的位置再释放,即可得到直线,在拖动的过程中按住【Shift】键,可起到约束的作用,这样可以画出水平线、垂直线或与水平线成 45°的线条。

曲线工具 ：此工具用于曲线线条的绘制,先选择好线条的颜色及宽度,然后单击曲线按钮,拖动鼠标至所需要的位置再释放,然后在线条上选择一点,移动鼠标则线条会随之变化,调整至合适的弧度即可。

矩形工具 、椭圆工具 、圆角矩形工具 ：这 3 种工具的应用基本相同,当单击工具按钮后,在绘图区直接拖动鼠标即可绘制出相应的图形,其辅助选择框中有 3 种选项,包括以前景色为边框的图形、以前景色为边框背景色填充的图形、以前景色填充没有边框的图形,在拖动鼠标的同时按住【Shift】键,可以分别得到正方形、正圆、正圆角矩形工具。

多边形工具 ：利用此工具用户可以绘制多边形,选定颜色后,单击工具按钮,在绘图区拖动鼠标,当需要弯曲时释放,如此反复,到最后时双击鼠标,即可得到相应的多边形。

除了以上工具还有星形,箭头,菱形等。

4．图像编辑

在"画图"程序的菜单中，可对图像进行简单的编辑。下面学习相关的内容。

（1）选择"旋转"菜单，此菜单中有 6 个菜单：向右旋转 90 度、向左旋转 90 度、旋转 180 度、垂直旋转及水平旋转，可以根据自己的需要进行选择，如图 14-14 所示。

（2）自然界的颜色是多种多样的，颜料盒中提供的色彩远远不能满足需要，但"颜色"菜单提供了选择的空间。可在主界面的"基本颜色"中进行色彩的选择，也可以在"编辑颜色"菜单中自定义颜色，如图 14-15 所示。

当一幅作品完成后，可以设置为墙纸，还可以打印输出，具体操作都是在"文件"菜单中实现的，用户可以直接执行相关的命令，这里不再过多叙述。

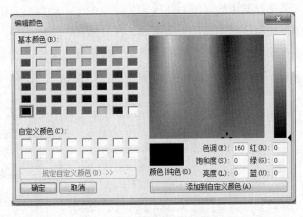

图 14-14 "旋转"菜单　　　　　　　　图 14-15 "编辑颜色"对话框

四、压缩软件 WinRAR 的使用

1．WinRAR 软件安装

双击 WinRAR 安装文件，出现安装界面，如图 14-16 所示。单击"浏览"按钮选择安装路径，然后单击"安装"按钮，安装向导将 WinRAR 软件安装到目标文件夹中，如图 14-17 所示。

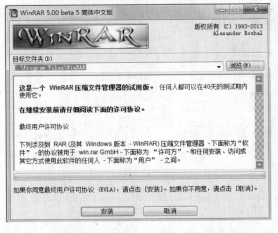

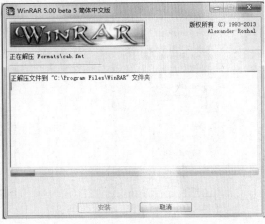

图 14-16 WinRAR 安装初始界面　　　　　图 14-17 文件复制过程界面

文件安装结束后就转入 WinRAR 选项配置对话框，如图 14-18 所示。其中"WinRAR 关联文件"

是对所列出的格式文件创建关联，根据实际需要，可以与所有格式的文件创建关联，也可以酌情选择；"界面"是选择 WinRAR 在 Windows 中出现的位置；"外壳整合设置"是在右键快捷菜单等处创建快捷方式。进行相应的选择后，单击"确定"按钮，软件会根据用户的选择情况进行相应的设置。安装过程就此结束，出现安装结束对话框，如图 14-19 所示，单击"完成"按钮即可。

2. 压缩文件

例如要对"大学计算机基础"文件夹下所有的文件进行压缩时，不需要打开 WinRAR 的主程序窗口，而可以选定该文件夹图标并右击，弹出的快捷菜单如图 14-20 所示。

若选择其中的"添加到'大学计算机基础.rar'"命令，那么 WinRAR 开始进行文件压缩，在"大学计算机基础"文件夹所在的路径下生成名为"大学计算机基础.rar"的压缩文件。

若选择其中的"添加到压缩文件"命令，则弹出"压缩文件名和参数"对话框，如图 14-21 所示。此对话框中有 7 个选项卡，在"常规"选项卡中，用户可以根据自己的需要结合界面提示完成相应的设置之后，单击"确定"按钮进行文件的压缩，此时会出现压缩进度条。

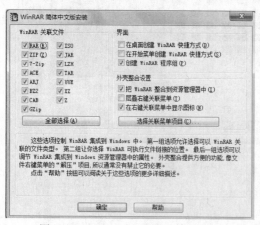

图 14-18 WinRAR 选项配置对话框

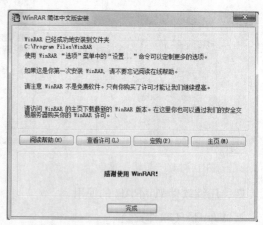

图 14-19 WinRAR 安装结束对话框

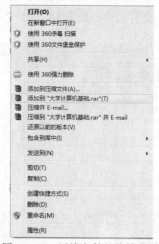

图 14-20 压缩文件的快捷菜单

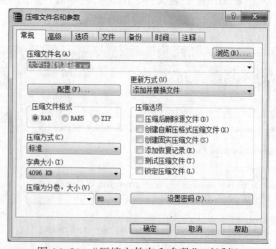

图 14-21 "压缩文件名和参数"对话框

如果要对某个文件夹下的一个或数个文件及文件夹进行压缩，可进入该文件夹，选定要压缩的文件及文件夹，随后进行以上操作。

3. 解压缩文件

例如有压缩文件"大学计算机基础.rar"，若要对此压缩文件进行解压缩操作，则选定该压缩文件并右击，弹出的快捷菜单如图 14-22 所示。

若选择其中的"解压到当前文件夹"命令，WinRAR 将对其进行解压缩，并将解压缩后的文件存放在当前文件夹中。

若选择其中的"解压到 大学计算机基础\"命令，WinRAR 将在当前文件夹中创建文件夹"大学计算机基础"，并将解压缩后的文件存放其中。

若选择其中的"解压文件"命令，则弹出"解压路径和选项"对话框，如图 14-23 所示。可以根据自己的需要结合界面提示完成相应的设置，单击"确定"按钮进行文件的解压缩。

另外，对于使用 WinRAR 压缩的 RAR 压缩文件，双击此压缩文件即可进入 WinRAR 压缩软件的主界面，其形式和打开普通文件夹类似，如图 14-24 所示。此时的操作分别为"添加"文件至当前文件夹、"解压缩"至指定文件夹、"测试"压缩文档、"查看"文档、"删除"文档等。

图 14-22　解压缩文件的快捷菜单

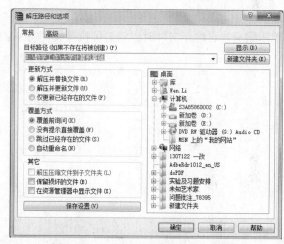

图 14-23　"解压路径和选项"对话框

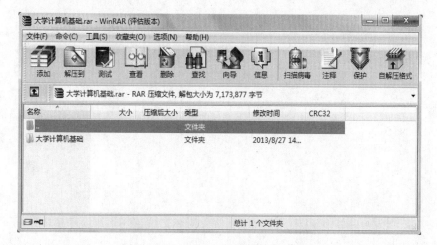

图 14-24　WinRAR 压缩软件的主界面

4．创建自解压文件

有时需要创建自解压文件，自解压文件可以随时调用，而不需要压缩软件的支持。创建自解压文件的方法很简单，在设置压缩文件属性的对话框（见图 14-21）的"常规"选项卡的"压缩选项"选项组选中"创建自解压格式压缩文件"复选框，然后单击"确定"按钮进行压缩，得到的压缩文件的类型为可执行文件（.exe）。

5．生成分卷自解压文件

在进行数据备份或大文件网络传输时，通常采取用压缩软件分卷压缩的方法，WinRAR 提供了生成分卷自解压文件的功能。

生成分卷自解压文件方法是在主界面中选定要压缩的文件夹或文件，并右击，从弹出的快捷菜单中选择"添加到压缩文件"命令，在弹出的"压缩文件名和参数"对话框的"常规"选项卡（见图 14-21）中，先输入压缩文档名称及路径，然后从"压缩分卷，大小"下拉列表框中选择期望的数值，也可输入自定义数值。在"压缩选项"选项组中选中"创建自解压格式压缩文件"复选框，然后单击"确定"按钮，则开始进行分卷压缩，其结果生成一个类型为.exe 和多个类型为.rar 的文件。

解压缩分卷自解压文件时，双击可执行文件（.exe 文件），即可进行解压缩。

第二部分　大学计算机基础习题

习题一　计算机与计算思维

一、选择题

1. 物理器件采用集成电路的计算机被称为（　　）。

    A. 第一代计算机　　　B. 第二代计算机　　　C. 第三代计算机　　　D. 第四代计算机

2. （　　）是现代通用计算机的雏形。

    A. 宾州大学于 1946 年 2 月研制成功的 ENIAC

    B. 查尔斯·巴贝奇于 1834 年设计的分析机

    C. 冯·诺依曼和他的同事们研制的 EDVAC

    D. 图灵建立的图灵机模型

3. 计算机科学的奠基人是（　　）。

    A. 查尔斯·巴贝奇　　　　　　　　　　B. 图灵

    C. 阿塔诺索夫　　　　　　　　　　　　D. 冯·诺依曼

4. 在下列关于图灵机的说法中，错误的是（　　）。

    A. 现代计算机的功能不可能超越图灵机

    B. 图灵机不能计算的问题现代计算机也不能计算

    C. 图灵机是真空管机器

    D. 只有图灵机能解决的计算问题，实际计算机才能解决

5. 目前，被人们称为 3C 的技术是指（　　）。

    A. 通信技术、计算机技术和控制技术

    B. 微电子技术、通信技术和计算机技术

    C. 微电子技术、光电子技术和计算机技术

    D. 信息基础技术、信息系统技术和信息应用技术

6. 在下列关于信息技术的说法中，错误的是（　　）。

    A. 微电子技术是信息技术的基础

    B. 计算机技术是现代信息技术的核心

    C. 光电子技术是继微电子技术之后近 30 年来迅猛发展的综合性高新技术

    D. 信息传输技术主要是指计算机技术和网络技术

7. 在计算机运行时，把程序和数据一同存放在内存中，这是 1946 年由（　　　）领导的小组正式提出并论证的。

    A. 图灵   B. 布尔   C. 冯·诺依曼   D. 爱因斯坦

8. 计算机最早的应用领域是（　　　）。

    A. 科学计算   B. 数据处理   C. 过程控制   D. CAD/CAM/CIMS

9. 计算机辅助系统是计算机的一个主要领域，其中 CAD 的全称是（　　　）。

    A. 计算机辅助设计   B. 计算机辅助制造

    C. 计算机辅助教学   D. 计算机辅助测试

10. 计算机病毒是一种（　　　）。

    A. 程序   B. 生物病毒   C. 图片   D. 文档

11. 世界上第一台电子数字计算机取名为（　　　）。

    A. UNIVAC   B. EDSAC   C. ENIAC   D. EDVAC

12. 下列对计算机的分类，不正确的是（　　　）。

    A. 按使用范围可以分为通用计算机和专用计算机

    B. 按性能可以分为超级计算机、大型计算机、小型计算机、工作站和微型计算机

    C. 按 CPU 芯片可分为单片机、中板机、多芯片和多板机

    D. 按字长可以分为 8 位机、16 位机、32 位机和 64 位机

13. 从第一代电子计算机到第四代计算机的体系结构都是相同的，都是由运算器、控制器、存储器以及输入/输出设备组成的，称为（　　　）体系结构。

    A. 艾伦·图灵   B. 罗伯特·诺伊斯   C. 比尔·盖茨   D. 冯·诺依曼

14. 计算机的发展阶段通常是按计算机所采用的（　　　）来划分的。

    A. 内存容量   B. 电子器件   C. 程序设计语言   D. 操作系统

15. 目前制造计算机所采用的电子器件是（　　　）。

    A. 晶体管   B. 超导体

    C. 中小规模集成电路   D. 超大规模集成电路

16. 在软件方面，第一代计算机主要使用（　　　）。

    A. 机器语言   B. 高级程序设计语言

    C. 数据库管理系统   D. BASIC 和 FORTRAN

17. 现代计算机之所以能自动地连续进行数据处理，主要是因为（　　　）。

    A. 采用了开关电路   B. 采用了半导体器件

    C. 具有存储程序的功能   D. 采用了二进制

18. 计算机的不同发展阶段通常是用计算机所采用的（　　　）来划分的。

    A. 内存容量   B. 电子器件   C. 程序设计语言   D. 操作系统

19. 关于个人计算机的说法中，错误的是（　　　）。

    A. 个人计算机的英文简称是 PC

    B. 计算机发展到了第五代出现了个人计算机

    C. 个人计算机是大规模、超大规模的集成电路发展的产物

    D. 以 Inter 4004 为核心组成的微型电子计算机叫做 MCS-4

20. 一个完整的计算机系统通常应包括（　　　　）。

　　A. 系统软件和应用软件　　　　　　B. 计算机及其外围设备

　　C. 硬件系统和软件系统　　　　　　D. 系统硬件和系统软件

二、填空题

1. 计算机的发展划分为四个重要的发展阶段，即_____、_____、_____和_____。

2. 电子计算机的发展趋势是：_____、_____、_____和_____。

3. 按照运算速度、存储容量、指令系统的规模等综合指标，可将通用计算机划分为：_____、_____、_____、_____、_____和_____。

4. 计算机病毒按其寄生方式可分为_____、_____、_____和_____四种类型。

5. 第一代电子计算机采用的物理器件是_____。

6. 大规模集成电路的英文简称是_____。

7. 未来计算机将朝着微型化、巨型化、_____和智能化方向发展。

8. 计算机能够直接执行的计算机语言是_____。

9. 微型机算计的种类很多，主要分为台式机、笔记本电脑和_____。

10. 计算机安全是指计算机财产的安全，计算机财产包括和_____。

11. 未来新型计算机系统有光计算机，生物计算机和_____。

12. 人类生存和社会发展的三大基本资源是物质，能源和_____。

13. _____是现代电子信息技术的直接基础。

14. 影响一台计算机性能的关键部件是_____。

15. 计算机辅助设计的英文全称是_____。

16. 世界上公认的第一台电子计算机于_____年在_____诞生，它的名字叫_____。到今天，计算机发展经历了四代，都基于一个共同的思想，这个思想是由_____提出的，其主要点是_____。

三、思考题

1. 计算机的发展经历了哪几个阶段？各阶段的主要特征是什么？

2. 按综合性能指标，计算机一般分为哪几类？

3. 计算机病毒有哪些传播途径？如何预防计算机病毒？

4. 请简述计算机有哪些显著的特点。

5. 查阅计算机类报刊或有关网站，看看信息业的供货商正在推销哪些宽带接入方式或设备，他们各有什么特点，你倾向于哪一种，开销是多少？

6. 请结合你的生活实际，阐述计算机的主要应用情况。

习题二 | 计算机系统基础

一、选择题

1. "存储程序"的核心概念是（   ）。
   - A. 事先编好程序
   - B. 把程序存储在计算机内存中
   - C. 事后编好程序
   - D. 将程序从存储位置自动取出并逐条执行

2. 一个计算机系统的硬件一般是由（   ）部分构成的。
   - A. CPU 键盘、鼠标和显示器
   - B. 运算器、控制器、存储器、输入设备和输出设备
   - C. 主机、显示器、打印机和电源
   - D. 主机、显示器和键盘

3. CPU 是计算机硬件系统的核心，它是由（   ）组成的。
   - A. 运算器和存储器
   - B. 控制器和存储器
   - C. 运算器和控制器
   - D. 加法器和乘法器

4. 计算机能按照人们的意图自动、高速地进行操作，是因为采用了（   ）。
   - A. 程序存储在内存
   - B. 高性能的 CPU
   - C. 高级语言
   - D. 机器语言

5. 以下描述（   ）不正确。
   - A. 内存与外存的区别在于内存是临时性的，而外存是永久性的
   - B. 内存与外存的区别在于外存是临时性的，而内存是永久性的
   - C. 平时说的内存是指 RAM
   - D. 从输入设备输入的数据直接存放在内存

6. 下列叙述中，正确的说法是（   ）。
   - A. 键盘、鼠标、光笔、数字化仪和扫描仪都是输入设备
   - B. 打印机、显示器、数字化仪都是输出设备
   - C. 显示器、扫描仪、打印机都不是输入设备
   - D. 键盘、鼠标和绘图仪都不是输出设备

7. 指令的解释是由电子计算机的（   ）部分来执行的。
   - A. 控制
   - B. 存储
   - C. 输入/输出
   - D. 算术和逻辑

8. 通常我们所说的 32 位机，指的是这种计算机的 CPU（   ）。
   - A. 是由 32 个运算器组成的
   - B. 能够同时处理 32 位二进制数据
   - C. 包含有 32 个寄存器
   - D. 一共有 32 个运算器和控制器

9. 关于高速缓冲存储器 Cache 的描述，不正确的是（　　　）。

    A. Cache 是介于 CPU 和内存之间的一种可高速存取信息的芯片

    B. Cache 越大，效率越高

    C. Cache 用于解决 CPU 和 RAM 之间速度冲突问题

    D. 存放在 Cache 中的数据使用时存在命中率的问题

10. 下列说法中正确的是（　　　）。

    A. 计算机体积越大，其功能就越强

    B. 在微机性能指标中，CPU 的主频越高，其运算速度越快

    C. 两个显示器屏幕大小相同，则它们的分辨率必定相同

    D. 点阵打印机的针数越多，则能打印的汉字字体越多

11. 操作系统是（　　　）。

    A. 软件与硬件的接口   B. 主机与外围设备的接口

    C. 计算机与用户的接口   D. 高级语言与机器语言的接口

12. 断电后，会使原存储的信息丢失的是（　　　）。

    A. RAM   B. 硬盘   C. ROM   D. 软盘

13. 计算机的存储系统通常包括（　　　）。

    A. 内存储器和外存储器   B. 软盘和硬盘

    C. ROM 和 RAM   D. 内存和硬盘

14. 计算机的内存储器简称内存，它是由（　　　）构成的。

    A. 随机存储器和软盘   B. 随机存储器和只读存储器

    C. 只读存储器和控制器   D. 软盘和硬盘

15. 计算机的内存容量通常是指（　　　）。

    A. RAM 的容量   B. RAM 与 ROM 的容量总和

    C. 软盘与硬盘的容量总和   D. RAM、ROM、软盘和硬盘的容量总和

16. 在下列存储设备中，存取速度最快的是（　　　）。

    A. 软盘   B. 光盘   C. 硬盘   D. 内存

17. 计算机的软件系统一般分为（　　　）两大部分。

    A. 系统软件和应用软件   B. 操作系统和计算机语言

    C. 程序和数据   D. DOS 和 Windows

18. 下列叙述中，正确的说法是（　　　）。

    A. 编译程序、解释程序和汇编程序不是系统软件

    B. 故障诊断程序、排错程序、人事管理系统属于应用软件

    C. 操作系统、财务管理程序、系统服务程序都不是应用软件

    D. 操作系统和各种程序设计语言的处理程序都是系统软件

19. 操作系统的作用是（　　　）。

    A. 将源程序编译成目标程序

    B. 负责诊断机器的故障

    C. 控制和管理计算机系统的各种硬件和软件资源的使用

    D. 负责外围设备与主机之间的信息交换

20. 下列选项中，都是硬件的是（　　　）。

    A. Windows、ROM 和 CPU   B. WPS、RAM 和显示器

    C. ROM、RAM 和 Pascal   D. 硬盘、光盘和软盘

21. 电子计算机可直接执行的指令所包含的两部分是（　　　）。

    A. 数字和文字   B. 操作码和操作对象

    C. 数字和运算符号   D. 源操作数和目的操作数

22. 微型计算机采用总线结构连接 CPU、内存储器和外围设备，总线由三部分组成，它包括（　　　）。

    A. 数据总线、传输总线和通信总线

    B. 地址总线、逻辑总线和信号总统

    C. 控制总统、地址总线和运算总线

    D. 数据总线、地址总线和控制总线

二、填空题

1. 计算机由 5 个部分组成，分别为：_____、_____、_____、_____、_____和输出设备。

2. 运算器是执行_____和_____运算的部件。

3. CPU 通过_____与外围设备交换信息。

4. 为了能存取内存的数据，每个内存单元必须有一个唯一的编号，称为_____。

5. 具有多媒体功能的微机系统，常用 CD-ROM 作为外存储器，它的中文名称是_____。

6. 微型计算机内存容量的基本单位是_____。

7. 在计算机的外围设备中，除外存储器（硬盘、软盘、光盘和磁带机等），最常用的输入设备有_____、_____，输出设备有_____、_____。

8. 在计算机系统中，任何外围设备必须通过_____才能实现主机和设备之间的信息交换。

9. 列举常用的 4 个系统软件的例子_____、_____、_____、_____。

10. 列举常用的 5 个应用软件_____、_____、_____、_____、_____。

11. 通常一条指令由_____和_____组成。

12. 计算机总线分为数据总线_____和_____。

三、思考题

1. 请阐述冯·诺依曼计算机结构的特点。

2. 请阐述计算机硬件与计算机软件之间的关系。

3. 请阐述 CPU 的主要组成和主要功能。

4. 请简述 ROM 与 RAM 的区别。

5. 请阐述计算机的工作原理。

习题三 信息表示与计算基础

一、选择题

1. 在计算机内部，数据是以（　　）加工、处理和传送的。
   A. 二进制码　　　　B. 八进制码　　　　C. 十六进制码　　　　D. 十进制码

2. 二进制的十进制编码是（　　）码。
   A. BCD　　　　　　B. ASCII　　　　　　C. 机内　　　　　　D. 二进制

3. 八位二进制可表示（　　）种状态。
   A. 4　　　　　　　B. 16　　　　　　　C. 128　　　　　　D. 256

4. 原码 −0 的反码是（　　）。
   A. +0　　　　　　　B. −127　　　　　　C. 0　　　　　　　D. +127

5. 原码−127 的反码是（　　）。
   A. 127　　　　　　B. +0　　　　　　　C. −0　　　　　　　D. +127

6. 将十进制数 215 转换为八进制数是（　　）。
   A. 327　　　　　　B. 268.75　　　　　C. 352　　　　　　D. 326

7. ASCII 码是一种字符编码，常用（　　）位码。
   A. 7　　　　　　　B. 16　　　　　　　C. 10　　　　　　　D. 32

8. 在计算机领域中，不常用到的数制是（　　）。
   A. 二进制数　　　　B. 四进制数　　　　C. 八进制数　　　　D. 十六进制数

9. 一个字节由 8 位二进制数组成，其最大容纳的十进制整数为（　　）。
   A. 255　　　　　　B. 233　　　　　　C. 245　　　　　　D. 47

10. 计算机中，一个浮点数由（　　）两部分组成。
    A. 阶码和基数　　B. 阶码和尾数　　　C. 基数和尾数　　　D. 整数和小数

11. 汉字国标码将汉字分成（　　）。
    A. 常见字和罕见字 2 个等级　　　　　　B. 简体字和繁体字 2 个等级
    C. 一级、二级、三级 3 个等级　　　　　D. 一级汉字和二级汉字 2 个等级

12. 字符的 ASCII 编码在机器中的表示方法准确地描述应是，使用（　　）。
    A. 8 位二进制代码，最右 1 位为 1　　　B. 8 位二进制代码，最左 1 位为 0
    C. 8 位二进制代码，最右 1 位为 0　　　D. 8 位二进制代码，最左 1 位为 1

13. 1100BH 是（　　）。
    A. 表示一个二进制数　　　　　　　　　B. 表示一个二进制或十六进制数
    C. 表示一个十六进制数　　　　　　　　D. 是一个错误的表示

14. 在计算机中，总是用数的最（　　）位来表示数的符号。

    A. 右　　　　　　　　B. 低　　　　　　　　C. 中　　　　　　　　D. 高

15. 常用的拼音输入法、五笔字型输入法等实际上是实现了（　　）。

    A. 汉字的输入码和机内码的对应关系

    B. 汉字的交换码和机内码的对应关系

    C. 汉字的交换码和输入码的对应关系

    D. 汉字的输入码和字形码的对应关系

16. 将二进制数 1101001.0100111 转换成八进制数是（　　）。

    A. 151.234　　　　　B. 151.236　　　　　C. 152.234　　　　　D. 151.237

17. 将十六进制数 1A6.2D 转换成二进制数是（　　）。

    A. 111010101.10101010　　　　　　　B. 1111010101.000011010

    C. 110100110.00101101　　　　　　　D. 1110010001.100011101

18. 二进制数 11011+1101 等于（　　）。

    A. 100101　　　　　　B. 10101　　　　　　C. 101000　　　　　　D. 10011

19. 国标码规定，每个字符由一个（　　）字节代码组成。

    A. 4　　　　　　　　　B. 2　　　　　　　　　C. 1　　　　　　　　　D. 3

20. ASCII 码是表示（　　）的代码。

    A. 西文字符　　　　　B. 浮点数　　　　　　C. 汉字和西文字符　　D. 各种文字

21. 计算机中表示信息的最小单位是（　　）。

    A. 位　　　　　　　　B. 字　　　　　　　　C. 字节　　　　　　　D. 二进制

22. （　　）是不合法的十六进制数。

    A. H1023　　　　　　B. 10111　　　　　　C. A120　　　　　　　D. 777

23. 在 16×16 点阵字库中，存储一个汉字的字模信息所需的字节数是（　　）。

    A. 8　　　　　　　　　B. 16　　　　　　　　C. 32　　　　　　　　D. 64

二、填空题

1. 十进制小数转化为二进制小数的方法是＿＿＿＿。

2. bit 的意思是＿＿＿＿。

3. 二进制的加法和减法运算是按＿＿＿＿进行的。

4. 在计算机内部，一切信息均表示为＿＿＿＿数。

5. 计算机中的浮点数用＿＿＿＿格式表示。

6. 在计算机内，二进制的＿＿＿＿是数据的最小单位。

7. 8 位二进制数所表示的最大的无符号十进制整数为＿＿＿＿。

8. 一个无符号二进制整数的右边填上两个 0，形成的数是原数的＿＿＿＿倍。

9. 二进制数真值 -1010111 的补码是＿＿＿＿。

10. 计算机中的数，除十进制、二进制、八进制外，还常用＿＿＿＿。

11. ＿＿＿＿位二进制数表示的信息容量叫一个字节。

12. 十六进制数 7B 对应的十进制数为＿＿＿＿。

13. 原码 11010111 的反码是_____。

14. 原码 01111110 的反码是_____。

15. 十进制数 10 转换成八进制数是_____。

16. 十六进制数 7B 对应的八进制数为_____。

17. 十进制数 852 写成二–十进制编码是_____0010。

18. 十进制数 10 转换成二进制数是_____。

19. 8 位二进制数的补码表示的整数范围是–128 至_____。

20. 将十进制数–35 表示成二进制码 11011101，这是_____码表示。

21. 八进制数 126 对应的十进制数是_____。

22. 将二进制数 01100101 转换成八进制数是_____。

23. 将二进制数 01100101 转换成十六进制数是_____。

24. 将二进制数 1101000 转换成八进制数是_____。

25. 将十进制数 34 转换成二进制数是_____。

26. 将八进制数 150 转换成二进制数是_____。

27. 在进位计数制中，基数的含义为数字符号的_____。

28. 在进位计数制中，位权含义为基数的若干次_____。

三、计算题

1. 求下面各题的值。

（1）10011011B+101101B

（2）11011011B–10011010B

（3）1100110B∧1011101B

（4）¬11011010B

2. 把下列二进制数转换成十进制数。

（1）11001010B

（2）10001100.111B

3. 把下列十进制数转换成二进制数、八进制数、十六进制数。

（1）–39

（2）179

（3）0.525

（4）10.2

4. 写出下列各十进制数的二进制原码、反码和补码。

（1）87

（2）–27

（3）45.25

（4）–18.025

四、思考题

1. 请用补码的形式实现运算：(1111)B–(1010)B。

2. 计算机内部的信息为什么要采用二进制编码表示？

3. ASCII 码由几位二进制信息组成？它能表示什么信息。

习题四 | 操作系统基础

一、选择题

1. Windows 7 操作系统是一个（　　）的操作系统。
    A. 单用户、多任务
    B. 多用户、单任务
    C. 单用户、单任务
    D. 多用户、多任务

2. 在选定文件夹后，下列（　　）操作不能完成剪切操作。
    A. 在"编辑"菜单中，选择"剪切"命令
    B. 左双击该文件夹
    C. 单击功能区中的"剪切"按钮
    D. 在所选文件夹位置上右击，打开快捷菜单，选择"剪切"命令

3. 在 Windows 7 环境中，用户可以同时打开多个窗口此时（　　）。
    A. 只能有一个窗口处于激活状态，它的标题栏的颜色与众不同
    B. 只能有一个窗口的程序处于前台运行状态，而其余窗口的程序则处于停止运行状态
    C. 所有窗口的程序都处于前台运行状态
    D. 所有窗口的程序都处于后台运行状态

4. 在 Windows 7 环境下，（　　）。
    A. 不能进入 MS-DOS 方式
    B. 能进入 MS-DOS 方式，并能再返回 Windows 方式
    C. 能进入 MS-DOS 方式，但不能再返回 Windows 方式
    D. 能进入 MS-DOS 方式，但必须先退出 Windows 方式

5. 下列关于 Windows 对话框的描述中，（　　）是错误的。
    A. 对话框可以由用户选中菜单中带有（…）省略号的选项弹出来
    B. 对话框是由系统提供给用户输入信息或选择某项内容的矩形框
    C. 对话框的大小是可以调整改变的
    D. 对话框是可以在屏幕上移动的

6. 在 Windows 各项对话框中，有些项目在文字说明的左边标有一个小方框，当小方框里有"√"时，表示（　　）。
    A. 这是一个单选按钮，且已被选中
    B. 这是一个单选按钮，且未被选中
    C. 这是一个复选按钮，且已被选中
    D. 这是一个多选按钮，且未被选中

7. Windows 中桌面指的是（　　　）。

　　A. 整个屏幕　　　　　B. 当前窗口　　　　　C. 全部窗口　　　　　D. 某个窗口

8. 将运行中的应用程序窗口最小化以后，应用程序（　　　）。

　　A. 在后台运行　　　　B. 停止运行　　　　　C. 暂时挂起来　　　　D. 出错

9. Windows 能自动识别和配置硬件设备，此特点称为（　　　）。

　　A. 控制面板　　　　　B. 自动配置　　　　　C. 即插即用　　　　　D. 自动批处理

10. 在桌面上任何一点右击，会弹出（　　　）。

　　A. 快捷菜单　　　　　B. 开始菜单　　　　　C. 主菜单　　　　　　D. 窗口菜单

11. Windows 中控制面板的作用（　　　）。

　　A. 播放媒体　　　　　　　　　　　　　B. 编辑图像

　　C. 编辑文本　　　　　　　　　　　　　D. 改变 Windows 的配置

12. 窗口最顶行是（　　　）。

　　A. 标题栏　　　　　　B. 状态栏　　　　　　C. 菜单栏　　　　　　D. 任务栏

13. 关于"回收站"叙述正确的是（　　　）。

　　A. "回收站"中的内容不能恢复

　　B. 暂存所有被删除的对象

　　C. 清空"回收站"后，仍可用命令方式恢复

　　D. "回收站"的内容不占硬盘空间

14. 当系统硬件发生故障或更换硬件设备时，为了避免系统意外崩溃，应采用的启动方式为（　　　）。

　　A. 通常方式　　　　　　　　　　　　　B. 登录方式

　　C. 安全方式　　　　　　　　　　　　　D. 命令提示方式

15. 在 Windows 中，为了防止无意修改某一文件，应设置该文件属性为（　　　）。

　　A. 只读　　　　　　　B. 隐藏　　　　　　　C. 存档　　　　　　　D. 系统

16. Windows 的资源管理器窗口分为（　　　）部分。

　　A. 2　　　　　　　　B. 4　　　　　　　　C. 1　　　　　　　　D. 3

17. 选定要删除的文件，然后按（　　　）键，即可删除文件。

　　A. Alt　　　　　　　B. Ctrl　　　　　　　C. Shift　　　　　　　D. Delete

18. 如用户在一段时间（　　　），Windows 将启动执行屏幕保护程序。

　　A. 没有按键盘

　　B. 没有移动鼠标器

　　C. 既没有按键盘，也没有移动鼠标器

　　D. 没有使用打印机

19. 在资源管理器中要同时选定不相邻的多个文件，使用（　　　）键。

　　A. Shift　　　　　　B. Ctrl　　　　　　　C. Alt　　　　　　　D. F8

20. 文件夹中不可存放（　　　）。

　　A. 文件　　　　　　　B. 多个文件　　　　　C. 文件夹　　　　　　D. 字符

二、填空题

1. 要查找所有第一个字母为 A 且扩展名为 .wav 的文件，应输入_____。

2. 要将整个屏幕内容存入剪贴板，应该执行_____。

3. 在 Windows 7 的资源管理器窗口中，为了使具有系统和隐藏属性的文件或文件夹不显示出来，首先应进行的操作是选择_____→"文件夹选项"命令。

4. 用 Windows 7 的"记事本"所创建文件的默认扩展名为_____。

5. 剪切、复制、粘贴、全选操作的快捷键分别是_____、_____、_____、_____。

三、简答题

1. 什么是操作系统？操作系统的主要功能是什么？

2. 运行应用程序有哪些常用的方法？

3. "附件"中常用工具有哪些，说明它们的用途。

4. Windows 7 中文件的命名规则是什么？

5. 快捷方式和文件有什么区别和联系。

习题五 | 计算机网络技术基础

一、选择题

1. 下列操作系统中不是 NOS（网络操作系统）的是（   ）。
   A. DOS
   B. NetWare
   C. Windows NT
   D. Linux

2. 计算机网络技术包括的两个主要技术是计算机技术和（   ）。
   A. 微电子技术
   B. 通信技术
   C. 数据处理技术
   D. 自动化技术

3. LAN 是（   ）是英文的缩写。
   A. 城域网
   B. 网络操作系统
   C. 局域网
   D. 广域网

4. （   ）不是信息传输速率比特的单位。
   A. bit/s
   B. b/s
   C. bps
   D. t/s

5. 在 OSI 模型的传输层以上实现互联的设备是（   ）。
   A. 网桥
   B. 中继器
   C. 路由器
   D. 网关

6. http 是一种（   ）。
   A. 高级程序设计语言
   B. 域名
   C. 超文本传输协议
   D. 网址

7. 计算机网络的通信传输介质中速度最快的是（   ）。
   A. 同轴电缆
   B. 光缆
   C. 双绞线
   D. 铜质电缆

8. 以下（   ）不是计算机网络常用的基本拓扑结构。
   A. 星形结构
   B. 分布式结构
   C. 总线结构
   D. 环形结构

9. （   ）是属于传输信号的信道。
   A. 电话线、电源线、接地线
   B. 电源线、双绞线、接地线
   C. 双绞线、同轴电缆、光纤
   D. 电源线、光纤、双绞线

10. 两台计算机之间利用电话线传送数据时，必需的设备是（   ）。
    A. 网卡
    B. 中继器
    C. 调制解调器
    D. 同轴电缆

11. 信号的电平随时间连续变化，这类信号称为（   ）。
    A. 模拟信号
    B. 传输信号
    C. 同步信号
    D. 数字信号

12. 为网络数据交换而制定的规则、约定和标准称为（   ）。
    A. 体系结构
    B. 协议
    C. 网络拓扑
    D. 模型

13. 网络中使用的设备 Hub 指（   ）。
    A. 网卡
    B. 中继器
    C. 集线器
    D. 电缆线

14. 在 OSI 参考模型中，物理层传输的是（   ）。

  A. 比特流   B. 分组   C. 报文   D. 帧

15. （   ）是指在一条通信线路中可以同时双向传输数据的方法。

  A. 单工通信   B. 半双工通信

  C. 双工通信   D. 同步通信

16. 在开放系统互连参考模型（OSI）中，网络层的下层是（   ）。

  A. 物理层   B. 网络层

  C. 传输层   D. 数据链路层

17. 双绞线和同轴电缆传输的是（   ）。

  A. 光脉冲   B. 红外线   C. 电信号   D. 微波

18. 计算机网络中，（   ）主要用来将不同类型的网络连接起来。

  A. 集线器   B. 路由器   C. 中继器   D. 网卡

19. 为了指导计算机网络的互联、互通和互操作，ISO 颁布了 OSI 参考模型，其基本结构分为（   ）。

  A. 6 层   B. 5 层   C. 7 层   D. 4 层

20. 在计算机局域网中，以文件数据共享为目标，需要将供多台计算机共享的文件存放于一台被称为（   ）的计算机中。

  A. 路由器   B. 网桥   C. 网关   D. 文件服务器

21. IPV4 地址由一组（   ）的二进制数字组成。

  A. 8 位   B. 16 位   C. 32 位   D. 64 位

22. 在下面的 IP 地址中属于 C 类地址的是（   ）。

  A. 141.0.0.0 B. 3.3.3.3 C. 197.234.111.123 D. 23.34.45.56

23. 所有站点均连接到公共传输媒体上的网络结构是（   ）。

  A. 总线型   B. 环状   C. 树状   D. 混合型

24. 网址 "www.pku.edu.cn" 中的 "cn" 表示（   ）。

  A. 英国   B. 美国   C. 日本   D. 中国

25. 下列 URL 地址写法正确的是（   ）。

  A. ftp://ftp.ncsa.uiuc.edu/pub/FAQ.html

  B. ftp:\\ftp.ncsa.uiuc.edupub/FAQ.html

  C. http://www.ncsa.uiuc.edu\SDG\Software\WinMosaic\FAQ.html

  D. http:\\www.ncsa.uiuc.eduSDG\Software\WinMosaic\FAQ.html

二、填空题

1. 计算机网络按照地理覆盖范围的大小，可以划分为_____、_____和_____三种。

2. OSI 参考模型采用分层结构化技术，将整个网络按照功能划分为 7 层，由低至高分别是：_____、_____、_____、_____、_____、_____和_____。

3. 网卡的 MAC 地址设定有特殊的规定，所有网卡的 MAC 地址都是由 6 个字节（48 位）组成，前 3 个字节表示_____，后 3 个字节表示_____。

4. 一个 IP 地址由_____和_____两部分组成，前面部分用于_____，后面部分则用于_____。

5. 调制解调器通常是用于_____信号与_____信号的转换。

三、简述题

1. 什么是计算机网络？

2. 计算机网络中的传输介质主要有哪几类，各类的特点是什么？

3. 邮件服务主要涉及哪两个协议，他们的作用分别是什么？

四、应用题

1. 请画出一个简单的网络拓扑图，该网络包含 10 台客户机，1 台共享打印机，2 台文件服务器。

（a）该网络使用总线结构。

（b）该网络使用星形结构。

2. 利用 CNKI 中国期刊网全文数据库搜索两篇关于"大学计算机基础教学"的文章，并下载保存以便阅读。

一、选择题

1. Word 提供了多种选项卡，选项卡是可以设置或隐藏的，下列关于设置或隐藏选项卡的方法中错误的是（　　　）。

    A. 右击功能区右端空白处，在弹出的快捷菜单中选择"自定义功能区"命令

    B. 右击文本编辑区的空白处，在弹出的快捷菜单中选择"自定义功能区"命令

    C. 右击选项卡，在弹出的快捷菜单中选择"自定义功能区"命令

    D. 单击"文件"→"选项"命令，在"Word 选项"中选择"自定义功能区"选项

2. 在 Word 2010 中，其扩展名是（　　　）。

    A. .wod   B. .wps   C. .docx   D. .dos

3. 关于新建文档，下列说法错误的是（　　　）。

    A. 新建文档是指在内存中产生一个新文档并在屏幕上显示，进入编辑状态

    B. Word 每新建一个文档，就打开一个新的文档窗口，在标题栏上没有文件名

    C. 新建文档的键盘命令为【Ctrl+N】

    D. 在"文件"选项卡中可打开最近使用过的 Word 文档

4. 关于打开文档，下列说法正确的是（　　　）。

    A. Word 不能打开非 Word 格式的文档

    B. Word 不能建立 Web 页文档

    C. Word 可以同时打开多个文档

    D. 所有的非 Word 格式的文档都可用 Word 软件打开

5. 关闭正在编辑的 Word 文档时，文档从屏幕上予以清除，同时也从（　　　）中清除。

    A. 内存   B. 外存   C. 磁盘   D. CD-ROM

6. 使用"文件"选项卡的"另存为"命令保存文件时，不可以（　　　）。

    A. 不用原名直接覆盖原有的文件   B. 将文件存放到另一驱动器中

    C. 将文件保存为文本文件   D. 修改原文件的扩展名而形成新文件

7. 在 Word 中，进行复制或移动操作的第一步必须是（　　　）。

    A. 单击"粘贴"按钮   B. 将插入点放在要操作的目标处

    C. 单击"剪切"或"复制"按钮   D. 选定要操作的对象

8. 关于剪贴板，下列说法正确的是（　　　）。

    A. 剪贴板是 Windows 在内存开设的一个暂存区域

B. 利用剪贴板对数据进行复制或移动仅限在同一应用程序内有效

C. 对选定的文本在不同的文档中进行复制或移动必须使用剪贴板

D. 在 Word 中，剪贴板最多可保存 10 次复制或剪切的内容

9. 关于 Word 剪贴板，下列说法错误的是（ ）。

A. 可将 Word 剪贴板中保存的若干次复制或剪切的内容清空

B. 可将选定的内容复制到 Word 剪贴板中

C. 可选择 Word 剪贴板中保存的某一项内容进行粘贴

D. 可查看 Word 剪贴板中保存的所有形式（如文本、图片、对象等）的全部内容

10. 下列操作中（ ）不能在 Word 文档中生成表格。

A. 单击"插入"功能区"表格"分组中的"表格"按钮

B. 单击"插入"功能区"表格"分组中的"表格"按钮，在下拉菜单中选择"插入表格"命令

C. 单击"插入"功能区"插图"分组中的"形状"按钮，在下拉菜单中选择"直线"图标

D. 选择某部分文本，单击"插入"功能区"表格"分组中的"表格"按钮，在下拉菜单中选择"文字转换成表格"命令

11. 删除单元格正确的操作是（ ）。

A. 选中要删除的单元格，按【Delete】键

B. 选中要删除的单元格，单击"开始"功能区"剪贴板"分组中的"剪切"按钮

C. 选中要删除的单元格，按【Shift+Delete】组合键

D. 选中要删除的单元格，右击，选择快捷菜单中的"删除单元格"命令

12. 在 Word 表格中，单元格内填写的信息（ ）。

A. 只能是文字　　　　　　　　　　B. 只能是文字或符号

C. 只能是图像　　　　　　　　　　D. 文字、符号、图像均可

13. 下列有关 Word 格式刷的叙述中，（ ）是正确的。

A. 格式刷只能复制字体格式　　　　B. 格式刷可用于复制纯文本的内容

C. 格式刷只能复制段落格式　　　　D. 字体或段落格式都可以用格式刷复制

14. 在 Word 中删除一个段落标记符后，前后两段文字合并为一段，此时（ ）。

A. 原段落字体格式不变　　　　　　B. 采用后一段字体格式

C. 采用前一段字体格式　　　　　　D. 变为默认字体格式

15. 关于样式，下列说法错误的是（ ）。

A. 样式是多个格式排版命令的组合

B. 由 Word 本身自带的样式是不能修改的

C. 在功能区的样式可以是 Word 本身自带的也可以是用户自己创建的

D. 样式规定了文中标题、题注及正文等文本元素的格式

16. 在 Word 文档中插入了一幅图片，对此图片不能直接在文档窗口中进行的操作是（ ）。

A. 改变大小　　　B. 移动　　　　C. 修改图片内容　　　　D. 叠放次序

17. 在 Word 中，使用"查找/替换"功能不能实现（ ）。

A. 删除文本　　　　　　　　　　　B. 更正文本

C. 更改指定文本的格式　　　　　　D. 更改图片格式

18. 使用"字数统计"不能得到（　　　）。

    A. 页数   B. 节数   C. 行数   D. 段落数

19. 关于页边距，下列说法错误的是（　　　）。

    A. 页边距是指文档中的文字和纸张边线之间的距离

    B. 可用标尺进行页边距的设置

    C. 在所有的视图下都能见到页边距

    D. 设置页边距：在"文件"选项卡中选择"打印"命令，在右侧的"打印"面板中设置

20. 以下 Word 2010 的四个操作中，（　　　）不能在"打印"面板中设置。

    A. 打印页范围   B. 打印机选择

    C. 页码位置   D. 打印份数

21. 通常在 Excel 环境中用来存储和处理工作数据的文件称为（　　　）。

    A. 数据库   B. 工作表   C. 工作簿   D. 图表

22. Excel 工作簿文件在默认情况下会打开（　　　）个工作表。

    A. 1   B. 2   C. 3   D. 255

23. 在 Excel 单元格内输入较多的文字需要换行时，应按（　　　）键。

    A. Ctrl+Enter   B. Alt+Enter   C. Shift+Enter   D. Enter

24. Excel 2010 最多可以有（　　　）表格行。

    A. 16 384   B. 1 048 576   C. 65 536   D. 32 768

25. 单元格地址是指（　　　）。

    A. 每一个单元格   B. 每一个单元格的大小

    C. 单元格所在的工作表   D. 单元格在工作表中的位置

26. 活动单元格是指（　　　）的单元格。

    A. 正在处理   B. 能被删除   C. 能被移动   D. 能进行公式计算

27. 在 Excel 中选中单元格，选择"删除"命令时（　　　）。

    A. 将删除该单元格所在列   B. 将删除该单元格所在行

    C. 将彻底删除该单元格   D. 弹出"删除"对话框

28. 在 Excel 中，如果单元格 B2 中为"星期一"，那么向下拖动填充柄到 B4，则 B4 中应为（　　　）。

    A. 星期一   B. 星期二   C. 星期三   D. 星期四

29. 工作表中 C 列已设置成日期型，其格式为 YYYY-MM-DD，某人的生日是 1985 年 11 月 15 日，现要将其输入到 C5 单元格，且要求显示成 1985-11-15 的形式，下列（　　　）是错误的。

    A. 1985-11-15   B. 11-15-1985   C. 1985/11/15   D. 上述输入方法都对

30. 在 Excel 中，用户（　　　）同时输入相同的数字。

    A. 只能在一个单元格中   B. 只能在两个单元格中

    C. 可以在多个单元格中   D. 不可以在多个单元格中

31. 在 Excel 中让某些不及格的学生的成绩变成红字，可以使用（　　　）功能。

    A. 筛选   B. 条件格式

    C. 数据有效性   D. 排序

32. 在升序排序中，在排序列中有空白单元格的行会被（　　　　）。

    A. 不被排序　　　　　　　　　　　　B. 放置在排序的数据清单最前

    C. 放置在排序的数据清单最后　　　　D. 保持原始次序

33. 在 Excel 工作表操作中，可以将公式"=B1+B2+B3+B4"转换为（　　　　）。

    A. SUM(B1,B4)　　　B. =SUM(B1:B4)　　　C. =SUM(B1,B4)　　　D. SUM(B1,B4)

34. 在使用 Excel 分类汇总功能时，系统将自动在数据单底部插入一个（　　　　）行。

    A. 总计　　　　　　B. 求和　　　　　　C. 求积　　　　　　D. 求最大值

35. 在 Excel 中，数字的千位后加千分号"，"，例如 230000 可以记作（　　　　）。

    A. 2300,00　　　　B. 23,0000　　　　C. 2,30000　　　　D. 230,000

36. 公式"=MAX(B2,B4:B6,C3)"表示（　　　　）。

    A. 比较 B2、B4、B6、C3 的大小　　　B. 求 B2、B4、B6、C3 中的最大值

    C. 求 B2、B4、B5、B6、C3 中的最大值　D. 求 B2、B4、B5、B6、C3 的和

37. 在一个单元格中输入"内蒙古"字符，默认情况下，是按（　　　　）格式对齐。

    A. 居中　　　　　　B. 右对齐　　　　　C. 左对齐　　　　　D. 分散对齐

38. 要使 Excel 把所输入的数字当成文本处理，所输入的数字应当以（　　　　）开头。

    A. 双引号　　　　　B. 一个字母　　　　C. 等号　　　　　　D. 单引号

39. 要向 A5 单元格输入分数 1/2，并显示为 1/2，正确的输入方法是（　　　　）。

    A. 2/1　　　　　　B. 0 ½　　　　　　C. 1/2　　　　　　D. '1/2

40. 如果为单元格 B4 赋值"一等"，单元格 B5 赋值"二等"，单元格 B6 赋值"一等"，在 C4 单元格中输入公式：=IF（B4="一等","1000","800"），并将公式复制到 C5、C6 单元格，则 C4 、 C5、C6 单元格的值分别是（　　　　）。

    A. 1000，1000，800　　　　　　　　B. 800，1000，800

    C. 1000，800，1000　　　　　　　　D. 都不对

41. 在 PowerPoint 2010 的幻灯片浏览视图下，不能完成的操作是（　　　　）。

    A. 调整个别幻灯片位置　　　　　　　B. 删除个别幻灯片

    C. 编辑个别幻灯片内容　　　　　　　D. 复制个别幻灯片

42. 在 PowerPoint 2010 中，对于已创建的多媒体演示文档可以用（　　　　）命令转移到其他未安装 PowerPoint 2010 的机器上放映。

    A. 文件/打包　　　　　　　　　　　　B. 文件/发送

    C. 复制　　　　　　　　　　　　　　D. 幻灯片放映/设置幻灯片放映

43. 在 PowerPoint 2010 中，"开始"功能区中的（　　　　）命令可以用来改变某一幻灯片的布局。

    A. 绘图　　　　　　B. 幻灯片版式　　　C. 幻灯片配色方案　D. 字体

44. PowerPoint 2010 中，有关幻灯片母版中的页眉页脚下列说法错误的是（　　　　）。

    A. 页眉或页脚是加在演示文稿中的注释性内容

    B. 典型的页眉/页脚内容是日期、时间以及幻灯片编号

    C. 在打印演示文稿的幻灯片时，页眉/页脚的内容也可打印出来

    D. 不能设置页眉和页脚的文本格式

45. PowerPoint 2010 中，在浏览视图下，按住【Ctrl】键并拖动某幻灯片，可以完成（　　）操作。

    A. 移动幻灯片　　　　B. 复制幻灯片　　　　C. 删除幻灯片　　　　D. 选定幻灯片

46. 如要终止幻灯片的放映，可直接按（　　）键。

    A. Ctrl+C　　　　B. Esc　　　　C. End　　　　D. Alt+F4

47. PowerPoint 2010 中，在（　　）视图中，用户可以看到画面变成上下两半，上面是幻灯片，下面是文本框，可以记录演讲者讲演时所需的一些提示重点。

    A. 备注页视图　　　　B. 浏览视图　　　　C. 幻灯片视图　　　　D. 黑白视图

48. PowerPoint 2010 中，有关幻灯片母版的说法中错误的是（　　）。

    A. 只有标题区、对象区、日期区、页脚区

    B. 可以更改占位符的大小和位置

    C. 设置占位符的格式

    D. 可以更改文本格式

49. 一个 PowerPoint 2010 演示文稿是由若干个（　　）组成。

    A. 幻灯片　　　　　　　　　　　　B. 图片和工作表

    C. Office 文档和动画　　　　　　　D. 电子邮件

50. PowerPoint 2010 的超链接可以使幻灯片播放时自由跳转到（　　）。

    A. 某个 Web 页面　　　　　　　　　B. 演示文稿中某一指定的幻灯片

    C. 某个 Office 文档或文件　　　　　D. 以上都可以

51. 在空白幻灯片中不可以直接插入（　　）。

    A. 文本框　　　　B. 超链接　　　　C. 艺术字　　　　D. Word 表格

52. 在演示文稿中，在插入超链接中所链接的目标，不能是（　　）。

    A. 另一个演示文稿　　　　　　　　B. 同一演示文稿的某一张幻灯片

    C. 其他应用程序的文档　　　　　　D. 幻灯片中的某个对象

53. 进入幻灯片模板的方法是（　　）。

    A. 在"设计"选项卡上选择一种主题

    B. 在视图选项卡上单击"幻灯片浏览视图"按钮

    C. 在"文件"选项卡上选择"新建"命令项下的"样本模板"

    D. 在"视图"选项卡上单击"幻灯片模板"按钮

54. 为了使所有幻灯片有统一的、特有的外观风格，可通过设置（　　）操作实现。

    A. 幻灯片　　　　　　　　　　　　B. 配色方案

    C. 幻灯片切换　　　　　　　　　　D. 母版

55. 在 PowerPoint 2010 中，下列说法错误的是（　　）。

    A. 在文档中可以插入音乐（如 CD 乐曲）

    B. 在文档中可以插入影片

    C. 在文档中插入多媒体内容后，放映时只能自动放映，不能手动放映

    D. 在文档中可以插入声音

56. 关于幻灯片母版操作，在标题区或文本区添加各幻灯片都能够共有文本的方法是（　　）。

    A. 选择带有文本占位符的幻灯片版式   B. 单击直接输入

    C. 使用文本框   D. 使用模板

57. 在任何版式的幻灯片中都可以插入图表，除了在"插入"功能区中单击"图表"按钮来完成图表的创建外，还可以使用（　　）实现插入图表的操作

    A. SmartArt 图形中的矩形图   B. 图片占位符

    C. 表格   D. 图表占位符

58. PowerPoint 2010 中自带很多图片文件，若将它们加入演示文稿中，应使用插入（　　）操作。

    A. 对象   B. 剪贴画   C. 自选图形   D. 符号

59. 在 PowerPoint 2010 中选择了某种"样本模板"，幻灯片背景显示（　　）。

    A. 可以更换模板   B. 不改变   C. 可以定义   D. 不能定义

60. 制作演示文稿时，如果要设置每张幻灯片的播放时间，那么需要通过执行（　　）操作来实现。

    A. 幻灯片切换的设置   B. 录制旁白

    C. 自定义动画   D. 排练计时

二、填空题

1. Word 是 Microsoft 公司提供的一个＿＿＿＿软件。

2. 打开一个已有文档进行编辑修改后，执行＿＿＿＿选项卡中的＿＿＿＿命令既可保留修改前的文档，又可得到修改后的文档。

3. 在 word 编辑窗口中要将光标移动到文档尾可用＿＿＿＿快捷键。

4. Word 提供了多种文档视图以适应不同的编辑需要。其中，页与页之间显示一条虚线分隔的视图是＿＿＿＿视图。

5. 将文档分左右两个版面的功能叫做＿＿＿＿，将段落的第一个字放大突出显示的是＿＿＿＿功能。

6. Excel 中完整的单元格地址通常包括工作簿名、＿＿＿＿、列标号、行标号。

7. 在 Excel 中，对数据列表进行分类汇总以前，必须先对作为分类依据的字段进行＿＿＿＿操作。

8. 函数 AVERAGE(A1:A3)相当于用户输入的＿＿＿＿公式。

9. 在 Excel 中通过工作表创建的图表有两种，分别为＿＿＿＿图表和＿＿＿＿图表。

10. Excel 工作表的"编辑"栏包括＿＿＿＿和＿＿＿＿；其中＿＿＿＿将显示在名称框中。

11. Excel 中＿＿＿＿型数据是我们可以直接输入到单元格内的数据，它可以是文字或数值（包括日期、时间、货币等数值）。

12. Excel 中删除是指将选定的单元格和单元格内的＿＿＿＿一并删除。

13. Excel 中＿＿＿＿引用的含义是：把一个含有单元格地址引用的公式复制到一个新的位置或用一个公式填入一个选定范围时，公式中的单元格地址会根据情况而改变。

14. Excel 中单元格地址根据它被复制到其他单元格后是否会改变，分为＿＿＿＿引用、绝对引用和混合引用。

15. 在 Excel 中某工作表的 B4 中输入"=5+3*2"，按【Enter】键后该单元格内容为＿＿＿＿。

16. 在大纲视图下，仅显示幻灯片的＿＿＿＿和＿＿＿＿。

17. 在 PowerPoint 中，如果要将演示文稿保存为"幻灯片放映"类型，使用"另存为"命令，在"保存类型"下拉列表框中选择_____，该文件的扩展名为_____。

18. 如要在幻灯片浏览视图中选定若干张不连续的幻灯片，那么应先按住_____键，再分别单击各幻灯片。

19. 在_____和_____视图下可以改变幻灯片的顺序。

20. 在一个演示文稿中_____（能或不能）同时使用不同的模板。

21. 插入一张新幻灯片，可以单击"插入"功能区的_____命令。

22. 幻灯片删除可以通过快捷键_____或_____功能区的"删除幻灯片"命令。

23. PowerPoint 2010 中，插入图片操作在"插入"功能区中选择_____命令。

24. 使用_____下拉菜单中的"背景"命令改变幻灯片的背景。

25. PowerPoint 2010 中，用文本框在幻灯片中添加文本时，在"插入"菜单中应选择_____项。

三、操作题

1. 在 Word 2010 中，打开素材文件 TF6-1.docx，按下列要求操作：

（1）将标题"计算机的发展简史"设置为楷体、二号、斜体、居中。

（2）将正文第一段设置为首行缩进 2 字符，1.5 倍行距。

（3）设置纸张类型为 A4，上、下、左、右边距均设置为 3cm。

（4）原名保存文档，结果如样文【6-1A】所示。

（5）将文档以文件名 TEST6-1.doc 另存在 D:盘的 SaveAs 文件夹中，并关闭应用程序（如果 SaveAs 文件夹不存在，请自己新建）。

样文【6-1A】

2. 在 Word 2010 中，打开素材文件 TF6-2.docx 进行以下操作并保存。

（1）在文章前增加一空行，输入文字"Word 练习题"作为标题，并设置为隶书、二号、居中。

（2）给标题"Word 练习题"添加浅绿色的底纹（应用范围为文字）。

（3）将全文的行距设置为 1.5 倍行距。

（4）将正文所有文字设置为黑体、加粗。

（5）设置纸型为 16 开，上、下、左、右边距均设置为 2cm。

（6）保存文档并关闭应用程序，结果如样文【6-2A】所示。

样文【6-2A】

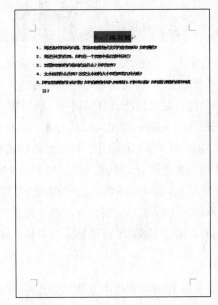

3. 在 Word 2010 中，打开素材文件 TF6-2.docx 进行以下操作并保存。

（1）将标题"图灵奖简介"设置为楷体、二号，再将正文所有文字设置为楷体、四号。

（2）将正文所有段落首行缩进 2 字符。

（3）设置全文行距为固定值 25 磅。

（4）将全文中的"图灵"改为 Turing。

（5）保存文档并关闭应用程序，结果如样文【6-3A】所示。

样文【6-3A】

4. 在 Excel 中，打开素材文件 TF7-1.xlsx，按下列要求操作：

（1）设置工作表及表格，结果如样文【6-4A】所示。

样文【6-4A】

宏远发展有限公司2010年预算工作表					
		2009年	2010年		
账目	项目	实际支出	预计支出	调配拨款	差额
001	员工工资	￥204,186.00	￥260,000.00	￥250,000.00	￥10,000.00
002	各种保险费用	￥75,000.00	￥79,000.00	￥85,000.00	￥-6,000.00
003	设备维修费用	￥38,000.00	￥40,000.00	￥42,000.00	￥-2,000.00
004	通信费	￥19,000.00	￥22,000.00	￥24,000.00	￥-2,000.00
005	差旅费	￥7,800.00	￥8,100.00	￥10,000.00	￥-900.00
006	广告费	￥5,600.00	￥6,800.00	￥8,500.00	￥-1,700.00
007	水电费	￥1,600.00	￥5,300.00	￥5,500.00	￥-200.00
总和		￥351,186.00	￥421,200.00	￥425,000.00	

① 设置工作表行、列：在标题行下方插入一行，设置行高为 7.50；将 003 一行移至 002 一行的下方；删除 007 行上方的一行（空行）；调整第 C 列的宽度为 11.88。

② 设置单元格格式：将单元格区域 B2:G2 合并及居中，设置字体为"华文行楷"、字号为 20 磅、字体颜色为蓝色；将单元格区域 D6:G13 应用货币符号￥，负数格式为-1,234.10（红色）；分别将单元格区域 B4:C4、E4:G4、B13:C13 合并及居中，将单元格区域 B4:G13 的对齐方式设置为水平居中，为单元格区域 B4:C13 设置黄色底纹，为单元格区域 D4:G13 设置青绿色的底纹。

③ 设置表格边框线：将单元格区域 B4:G13 的外边框和内边框设置为红色的双实线。

④ 插入批注：为"￥10,000,00"（G6）单元格插入批注"超支"。

⑤ 设置打印标题：在 Sheet2 工作表的第 15 行前插入分页线，设置表格标题为打印标题。

（2）建立公式。

在"2010年宏远公司预算表"工作表的表格下方建立公式 $\dfrac{\Delta Y}{\Delta X} = N$。

（3）建立图表，结果如样文【6-4B】所示。

使用"预计支出"一列中的数据创建一个饼图。

样文【6-4B】

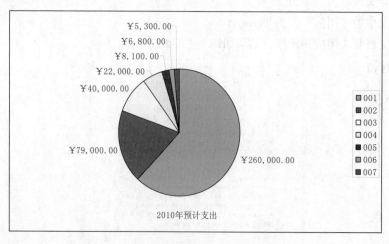

5. 在 Excel 中，打开素材文件 TF7-2.xlsx，按下列要求操作：

（1）设置工作表及表格，结果如样文【6-5A】所示。

① 设置工作表行、列：在"小天鹅洗衣机"上方插入一行并输入样文中的数据；将"三月"一列与"一月"一列位置互换；调整第一列的宽度为13.50。

② 设置单元格格式：将单元格区域B2:E2合并及居中，设置字体为"黑体"、字号为14磅、字体颜色为深红，设置浅绿色的底纹；将单元格区域B3:E3的对齐方式设置为水平居中，字体为"华文行楷"，设置浅蓝色的底纹；将单元格区域B4:B10的字体设置为"华文新魏"，设置浅黄色底纹；为单元格区域C4:E10的对齐方式设置为水平居中，字体为Times New Roman，设置黄色的底纹。

③ 设置表格边框线：将单元格区域B3:E10的外边框线设置为玫瑰红色的粗实线，将内边框设置为粉红色的粗点画线。

④ 插入批注：为370（C8）单元格插入批注"第一季度中的最大销售量"。

⑤ 重命名并复制工作表：将Sheet1工作表重命名为"德化第一季度电器销售统计表"，并将此工作表复制到Sheet2工作表中。

⑥ 设置打印标题：在Sheet2工作表的第15行前插入分页线，设置表格标题为打印标题。

（2）建立公式。

在"德化第一季度电器销售统计表"工作表的表格下方建立公式：

$$\because a^2 + b^2 = c^2$$
$$\therefore b^2 = c^2 - a^2$$

（3）建立图表，结果如样文【6-5B】所示。

使用工作表中的数据创建一个簇状条形图。

样文【6-5A】

德化电器门市部第一季度销售情况统计表			
电器名称	一月（台）	二月（台）	三月（台）
新飞冰箱	320	200	330
海尔空调	280	170	300
TCL电视	220	360	280
柏帝洗衣机	230	220	180
小天鹅洗衣机	370	420	260
创维电视	268	290	300
奥克斯空调	50	180	240

样文【6-5B】

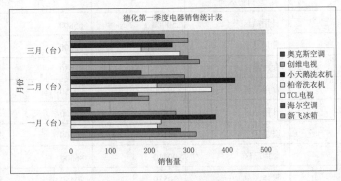

6. 在Excel中，打开素材文件TF7-3.xlsx，按下列要求操作：

（1）公式（函数）应用：使用 Sheet1 工作表中的数据，计算 3 个月的"总计"，结果放在相应的单元格中，如样文【6-6A】所示。

（2）数据排序：使用 Sheet2 工作表中的数据，以"一月"为主要关键字，升序排序，结果如样文【6-6B】所示。

（3）数据筛选：使用 Sheet3 工作表中的数据，筛选出"二月"大于或等于 80 000 的记录，结果如样文【6-6C】所示。

（4）数据合并计算：使用 Sheet4 工作表"家家惠超市上半年各连锁店销售情况表"和"家家惠超市下半年各连锁店销售情况表"中的数据，在"家家惠超市全年各连锁店销售情况表"中进行"求和"合并计算，结果如样文【6-6D】所示。

（5）数据分类汇总：使用 Sheet5 工作表中的数据，以"销售区间"为分类字段，将各月销售额分别进行"求和"分类汇总，结果如样文【6-6E】所示。

（6）建立数据透视表：使用"数据源"工作表中的数据，以"销售区间"为分页，以"类别"为行字段，以"月份"为列字段，以"销售额"为求和项，从 Sheet6 工作表的 A1 单元格起建立数据透视表，结果如样文【6-6F】所示。

样文【6-6A】

家家惠超市第一季度销售情况表（元）

类　　别	销售区间	一月	二月	三月	总计
食品类	食用品区	70800	90450	70840	232090
饮料类	食用品区	68500	58050	40570	167120
烟酒类	食用品区	90410	86500	90650	267560
服装、鞋帽类	服装区	90530	80460	64200	235190
针纺织品类	服装区	84100	87200	78900	250200
化妆品类	日用品区	75400	85500	88050	248950
日用品类	日用品区	61400	93200	44200	198800
体育器材	日用品区	50000	65800	43200	159000

样文【6-6B】

家家惠超市第一季度销售情况表（元）

类　　别	销售区间	一月	二月	三月
体育器材	日用品区	50000	65800	43200
日用品类	日用品区	61400	93200	44200
饮料类	食用品区	68500	58050	40570
食品类	食用品区	70800	90450	70840
化妆品类	日用品区	75400	85500	88050
针纺织品类	服装区	84100	87200	78900
烟酒类	食用品区	90410	86500	90650
服装、鞋帽类	服装区	90530	80460	64200

样文【6-6C】

家家惠超市第一季度销售情况表（元）

类　别	销售区间	一月	二月	三月
食品类	食用品区	70800	90450	70840
烟酒类	食用品区	90410	86500	90650
服装、鞋帽类	服装区	90530	80460	64200
针纺织品类	服装区	84100	87200	78900
化妆品类	日用品区	75400	85500	88050
日用品类	日用品区	61400	93200	44200

样文【6-6D】

家家惠超市全年各连锁店销售情况表（万元）

类　别	第一连锁店	第二连锁店	第三连锁店	第四连锁店
食品类	143	170	160	161
服装、鞋帽类	175	172	135	134
体育器材	131	151	114	170
饮料类	167	141	139	123
烟酒类	116	156	171	115
针纺织品类	135	101	101	153
化妆品类	163	147	151	164
日用品类	143	145	104	115

样文【6-6E】

家家惠超市第一季度销售情况表（元）

类　别	销售区间	一月	二月	三月
	服装区 汇总	174630	167660	143100
	日用品区 汇总	186800	244500	175450
	食用品区 汇总	229710	235000	202060
	总计	591140	647160	520610

样文【6-6F】

销售区间	（全部） ▼			
求和项:销售额	月份 ▼			
类别 ▼	一月	二月	三月	总计
化妆品类	75400	85500	88050	248950
日用品类	61400	93200	44200	198800
体育器材	50000	65800	43200	159000
总计	186800	244500	175450	606750

7. 在 Excel 中，打开素材文件 TF7-4.xlsx，按下列要求操作：

（1）公式（函数）应用：使用 Sheet1 工作表中的数据，计算"最大值"和"总上线人数"，结果分别放在相应的单元格中，如样文【6-7A】所示。

样文【6-7A】

开远市各中学高考上线情况表

类别	录取批次	开远中学	华夏中学	开远四高	阳夏中学	淮海中学	最大值
艺术类	专科	4	5	18	3	23	63
体育类	专科	8	2	18	5	12	230
普通类	高职高专	346	404	301	409	384	300
普通类	本科一批	55	63	12	38	22	409
普通类	本科三批	280	290	290	300	274	18
普通类	本科二批	202	180	230	190	164	18
艺术类	本科	7	5	21	6	19	21
体育类	本科	5	3	12	2	18	23
总计上线人数		907	952	902	953	916	

（2）数据排序：使用 Sheet2 工作表中的数据，以"本科上线人数"为主要关键字，降序排序，结果如样文【6-7B】所示。

（3）数据筛选：使用 Sheet3 工作表中的数据，筛选出"本科上线人数"大于或等于 500 且"专科上线人数"大于或等于 400 的记录，结果如样文【6-7C】所示。

（4）数据合并计算：使用 Sheet4 工作表中各中学上线人数统计表中的数据，在"开远市各中学高考上线人数总计"中进行"求和"合并计算，结果如样文【6-7D】所示。

（5）数据分类汇总：使用 Sheet5 工作表中的数据，以"类别"为分类字段，将各中学上线人数分别进行"求和"分类汇总，结果如样文【6-7E】所示。

（6）建立数据透视表：使用"数据源"工作表中的数据，以"科类"为分页，以"类别"为行字段，以"录取批次"为列字段，以各中学上线人数分别为求和项，从 Sheet6 工作表的 A1 单元格起建立数据透视表，结果如样文【6-7F】所示。

样文【6-7B】

开远市各中学高考上线情况统计表

学校	本科上线人数	专科上线人数	总上线人数
开远四高	565	337	902
开远中学	549	358	907
华夏中学	541	411	952
阳夏中学	536	417	953
淮海中学	497	419	916

样文【6-7C】

开远市各中学高考上线情况统计表

学校	本科上线人数	专科上线人数	总上线人数
华夏中学	541	411	952
阳夏中学	536	417	953

样文【6-7D】

开远市各中学高考上线人数总计

类　　别	录取批次	上线人数	类　　别	录取批次	上线人数
普通类	本科一批	190	体育类	本科	40
普通类	本科 二批	966	体育类	专科	45
普通类	本科三批	1434	艺术类	本科	58
普通类	高职高专	1844	艺术类	专科	53

样文【6-7E】

开远市各中学高考上线情况表

类别	录取批次	开远中学	华夏中学	开远四高	阳夏中学	淮海中学
普通类 汇总		883	937	833	937	844
体育类 汇总		13	5	30	7	30
艺术类 汇总		11	10	39	9	42
总计		907	952	902	953	916

样文【6-7F】

科类	(全部)	▼				
		录取批次 ▼				
类别 ▼	数据 ▼	本科二批	本科三批	本科一批	高职高专	总计
普通类	求和项:开远中学	202	280	55	346	883
	求和项:华夏中学	180	290	63	402	935
	求和项:开远四高	230	290	12	301	833
	求和项:阳夏中学	190	300	38	389	917
	求和项:淮海中学	164	274	22	384	844
求和项:开远中学汇总		202	280	55	346	883
求和项:华夏中学汇总		180	290	63	402	935
求和项:开远四高汇总		230	290	12	301	833
求和项:阳夏中学汇总		190	300	38	389	917
求和项:淮海中学汇总		164	274	22	384	844

8. 利用 PowerPoint 软件，参照样文【6-8A】，完成以下操作：

（1）新建"垂直排列标题与文本"版式幻灯片。

（2）应用主题"波形"，添加"标题幻灯片"版式幻灯片，输入样文中所示的内容。

（3）设置所有幻灯片标题：字体为"幼圆"，字号为 60 磅，加粗，应用阴影效果，居中对齐，颜色为深棕色（R:102,G:51,B:0）。设置所有幻灯片内容：中文字体为"楷体"，英文字体为 Century Gothic，字号为 32 磅，加粗，加下画线，颜色为黑色（R:0,G:0,B:0），段落间距为 1.5 倍行距。

（4）在第 2 张幻灯片相应位置插入剪贴画 computers，computing，females…。

（5）移动第 2 张幻灯片到第 1 张幻灯片之前。

样文【6-8A】

9. 利用 PowerPoint 软件，参照样文【6-9A】，完成以下操作：

（1）新建"标题、文本与两项内容"版式幻灯片。

（2）应用主题"顶峰"，主题颜色为"穿越"，输入样文中所示的内容：标题字体为"华文行楷"，字号为 45 磅；正文字体为"宋体"，字号为 28 磅。

（3）在幻灯片相应位置创建样文中所示的表，表格样式采用"中度样式 — 强调 5"，并根据表中数据创建图表。

样文【6-9A】

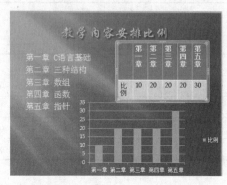

10. 利用 PowerPoint 软件，参照样文【6-10A】，完成以下操作：

（1）根据幻灯片内容，自己设置幻灯片主题、颜色、背景样式。

（2）设置第 2 张幻灯片切换方式为"时钟"，效果选项为"顺时针"，切换声音为"抽气"，换页方式为"单击鼠标时"。设置第 3 张幻灯片切换方式为"推进"，效果选项为"自右侧"，切换声音为"风声"，换页方式为"单击鼠标时"。

（3）在第 2 张幻灯片右下角插入动作按钮"结束"，动作设置：单击链接到"最后一张幻灯片"。在第 3 张幻灯片右下角插入动作按钮"开始"，动作设置：单击链接到"上一张幻灯片"。

（4）设置第 2 张幻灯片背景音乐：插入自己喜欢的音乐；裁剪音频长度为 10 秒，单击时开始播放。

（5）设置第 2 张幻灯片标题动画：进入效果为"擦除"，方向为"自左侧"，速度为"慢速"。设置第 3 张幻灯片的标题动画：强调效果为"跷跷板"，颜色为红色（R:255,G:0,B:0）；文本动画：进入效果为"随机线条"，效果方向为"垂直"，速度为"中速"。

（6）设置放映幻灯片方式：放映类型为"演讲者放映（全屏幕）"。

样文【6-10A】

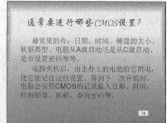

11. 利用 PowerPoint 软件，参照样文【6-11A】，完成以下操作。

（1）根据自己的喜好设置所有幻灯片的主题、颜色、背景样式。

（2）设置全部幻灯片切换方式为"分割"，切换声音为"微风"，换片方式为"每隔6秒"。

（3）在第1张幻灯片中，为副标题文本"第一台电子计算机"设置超链接，链接到第2张幻灯片；为副标题文本"发展趋势"设置超链接，链接到第2张幻灯片。

（4）下载自己喜欢的音乐，设置为第1张幻灯片背景音乐。

（5）设置第2张幻灯片标题动画：进入效果为"旋转"，速度为"慢速"，执行时间为"上一动画之后"；文本动画：进入效果为"飞入"，方向为"自左侧"，速度为"中速"，执行时间为"上一动画之后"；图片动画：进入效果为"轮子"，辐射状为"2轮辐图案"，速度为"中速"，执行时间为"上一动画之后"。

（6）设置放映幻灯片方式：放映类型为"观众自行浏览（窗口）"，放映选项为"循环放映"。

样文【6-11A】

习题七 | 软件开发计算思维基础

一、选择题

1. 人们根据特定的需要预先为计算机编制的指令序列称为（　　）。
   A. 软件　　　　　　　B. 文件　　　　　　　C. 程序　　　　　　　D. 集合

2. 能直接让计算机识别的语言是（　　）。
   A. C　　　　　　　　B. BASIC　　　　　　C. 汇编语言　　　　　D. 机器语言

3. （　　）不是高级语言的特征。
   A. 源程序占用内存少　　　　　　　　B. 通用性好
   C. 独立于微机　　　　　　　　　　　D. 易读、易懂

4. 在下列选项中，（　　）不是一个算法一般应该具有的基本特征。
   A. 确定性　　　　　　B. 可行性　　　　　　C. 无穷性　　　　　　D. 拥有足够的情报

5. 算法的空间复杂度是指（　　）。
   A. 算法程序的长度　　　　　　　　　B. 算法程序中的指令条数
   C. 算法程序所占的存储空间　　　　　D. 算法执行过程中所需要的存储空间

6. 下面对对象概念描述错误的是（　　）。
   A. 任何对象都必须有继承性　　　　　B. 对象是属性和方法的封装体
   C. 对象间的通信靠消息传递　　　　　D. 操作是对象的动态性属性

7. 面向对象的设计方法与传统的的面向过程的方法有本质不同，它的基本原理是（　　）。
   A. 模拟现实世界中不同事物之间的联系
   B. 强调模拟现实世界中的算法而不强调概念
   C. 使用现实世界的概念抽象地思考问题从而自然地解决问题
   D. 鼓励开发者在软件开发的绝大部分中都用实际领域的概念去思考

8. 软件调试的目的是（　　）。
   A. 发现错误　　　　　　　　　　　　B. 改正错误
   C. 改善软件的性能　　　　　　　　　D. 挖掘软件的潜能

9. 在计算机中，算法是指（　　）。
   A. 查询方法　　　　　　　　　　　　B. 加工方法
   C. 解题方案的准确而完整的描述　　　D. 排序方法

10. 结构化程序设计的 3 种基本控制结构是（　　）。
    A. 过程，子程序和分程序　　　　　　B. 调用，返回和转移
    C. 递归，堆栈和队列　　　　　　　　D. 顺序，选择和循环

11. 在面向对象方法中，一个对象请求另一对象为其服务的方式是通过发送（　　　）。

    A. 调用语句　　　　B. 命令　　　　　　C. 口令　　　　　　D. 消息

12. 一个对象在收到消息时，要给予响应，不同的对象收到同一消息可以产生完全不同的结果，这一现象叫做对象的（　　　）。

    A. 继承性　　　　　B. 多态性　　　　　C. 抽象性　　　　　D. 封装性

13. 以下（　　　）不是面向对象的特征。

    A. 多态性　　　　　B. 遗传性　　　　　C. 封装性　　　　　D. 继承性

14. 为了避免流程图在描述程序逻辑时的灵活性，提出了用方框图来代替传统的程序流程图，通常也把这种图称为（　　　）。

    A. PAD 图　　　　　B. N–S 图　　　　　C. 结构图　　　　　D. 数据流图

15. 一个设计良好的面向对象系统具有（　　　）的特征。

    A. 低内聚、低耦合　　　　　　　　　B. 高内聚、低耦合

    C. 高内聚、高耦合　　　　　　　　　D. 低内聚、高耦合

二、填空题

1. 目前计算机语言可分为机器语言、_____和高级语言三大类型。

2. _____语言和汇编语言是低级语言。

3. 目前程序设计方法主要_____、_____。

4. 软件测试的方法有_____、_____。

三、简答题

1. 什么是程序设计语言？程序设计语言有哪些类型？

2. 什么是软件工程？什么是软件生命周期？

3. 什么是面向对象方法学？简述面向对象方法学的主要过程。

4. 描述线程与进程的区别？

5. 重载与覆盖的区别？

习题八 数据组织与管理基础

一、选择题

1. 下列叙述中正确的是（　　　）。

   A. 线性表的链式存储结构与顺序存储结构所需要的存储空间是相同的

   B. 线性表的链式存储结构所需要的存储空间一般要多于顺序存储结构

   C. 线性表的链式存储结构所需要的存储空间一般要少于顺序存储结构

   D. 上述三种说法都不对

2. 在一棵二叉树上第 5 层的结点数最多是（　　　）。

   A. 8 　　　　　 B. 16 　　　　　 C. 32 　　　　　 D. 15

3. 在数据结构中，没有前驱的结点称为（　　　）。

   A. 终端结点 　　 B. 根结点 　　 C. 叶子结点 　　 D. 内部结点

4. 下列关于栈的叙述中正确的是（　　　）。

   A. 在栈中只能插入数据 　　　　　 B. 在栈中只能删除数据

   C. 栈是先进先出的线性表 　　　　 D. 栈是先进后出的线性表

5. 栈和队列的共同点是（　　　）。

   A. 都是先进后出 　　　　　　　　 B. 都是先进先出

   C. 只允许在端点处插入和删除元素 　 D. 没有共同点

6. 在下面列出的数据模型中，（　　　）是概念数据模型。

   A. 关系模型 　　　　　　　　　　 B. 层次模型

   C. 网状模型 　　　　　　　　　　 D. 实体-联系模型

7. 在数据库中存储的是（　　　）。

   A. 信息 　　　　 B. 数据 　　　 C. 数据结构 　　　 D. 数据模型

8. 学校图书馆规定，一名旁听生同时只能借一本书，一名在校生同时可以借 5 本书，一名教师同时可以借 10 本书，在这种情况一 F,读者与图书之间形成了借阅关系,这种借阅关系是(　　　)。

   A. 一对一联系 　　 B. 一对五联系 　　 C. 一对十联系 　　 D. 一对多联系

9. 下列关于货币数据类型的叙述中，错误的是（　　　）。

   A. 货币型字段在数据表中占 8 个字节的存储空间

   B. 货币型字段可以与数字型数据混合计算，结果为货币型

   C. 向货币型字段输入数据时，系统自动将其设置为 4 位小数

   D. 向货币型字段输入数据时，不必输入人民币符号和千位分隔符

10. Access 数据库最基础的对象是（　　　）。
    A. 表　　　　　　B. 宏　　　　　　C. 报表　　　　　　D. 查询

11. 下列叙述中，正确的是（　　　）。
    A. 用 E-R 图能够表示实体集之间一对一的联系、一对多的联系、多对多的联系
    B. 用 E-R 图只能表示实体集之间一对一的联系
    C. 用 E-R 图只能表示实体集之间一对多的联系
    D. 用 E-R 图表示的概念数据模型只能转换为关系数据模型

12. E-R 模型可以形象地用 E-R 图来表示。在 E-R 图中用（　　　）来表示实体。
    A. 三角形　　　　B. 矩形　　　　　C. 椭圆形　　　　　D. 菱形

13. 在 Access 中要显示"教师表"中姓名和职称的信息，应采用的关系运算是（　　　）。
    A. 选择　　　　　B. 投影　　　　　C. 连接　　　　　　D. 关联

14. 下面对于关系的描述中不正确的是（　　　）。
    A. 关系中的每个属性是不可分割的
    B. 在关系中元组的顺序是无关紧要的
    C. 任意的一个二维表都一个关系
    D. 每一个关系只有一种记录类型

15. 关系表中的每一行称为一个（　　　）。
    A. 元组　　　　　B. 字段　　　　　C. 属性　　　　　　D. 码

16. 关系数据库管理系统能实现的专门关系运算包括（　　　）。
    A. 排序、索引、统计　　　　　　　B. 选择、投影、连接
    C. 关联、更新、排序　　　　　　　D. 显示、打印、制表

17. 在一个单位的人事数据库中，字段"简历"的数据类型应当是（　　　）。
    A. 文本型　　　　B. 数字型　　　　C. 日期/时间型　　D. 备注型

18. 在关系数据库中，用来表示实体之间联系的是（　　　）。
    A. 树结构　　　　B. 网结构　　　　C. 线性表　　　　　D. 二维表

19. 在 SQL 的 SELECT 语句中，用于实现选择运算的子句是（　　　）。
    A. FOR　　　　　B. IF　　　　　　C. WHILE　　　　　D. WHERE

20. 定义某一个字段的默认值的作用是（　　　）。
    A. 当数据不符合有效性规则时所显示的信息
    B. 不允许字段的值超出某个范围
    C. 在未输入数值之前，系统自动提供数值
    D. 系统自动把小写字母

21. 在数据库系统中，对数据操作的最小单位是（　　　）。
    A. 字节　　　　　B. 数据项　　　　C. 记录　　　　　　D. 字符

22. 反映现实世界中实体及实体间联系的信息模型称为（　　　）。
    A. 存储模型　　　B. 概念模型　　　C. 关系模型　　　　D. 层次模型

23. 使用 E-R 图方法的三要素是（　　　）。
    A. 实体，属性，主键　　　　　　　B. 实体，域，候选码
    C. 实体，属性，联系　　　　　　　D. 实体，健，联系

24. 在关系代数中，从两个关系的笛卡儿积中，选取它们属性间满足一定条件的元组的操作，称为（　　）。

    A. 投影　　　　　　　B. 选择　　　　　　　C. 自然连接　　　　　D. 连接

25. SQL 通常被称为（　　）。

    A. 结构化查询语言　　　　　　　　　　B. 结构化控制语言

    C. 结构化定义语言　　　　　　　　　　D. 结构化操纵语言

26. "学生表"中有"学号"、"姓名"、"性别"和"入学成绩"等字段。执行如下 SQL 命令后的结果是（　　）。

    Select avg（入学成绩）From 学生表 Group by 性别

    A. 计算并显示所有学生的平均入学成绩

    B. 计算并显示所有学生的性别和平均入学成绩

    C. 按性别顺序计算并显示所有学生的平均入学成绩

    D. 按性别分组计算并显示不同性别学生的平均入学成绩

27. 在报表中，要计算"数学"字段的最低分，应将控件的"控件来源"属性设置为（　　）。

    A. =Min（[数学]）　　　　　　　　　　B. =Min（数学）

    C. =Min[数学]　　　　　　　　　　　　D. Min（数学）

28. 下列变量名中，合法的是（　　）。

    A. 4A　　　　　　　B. A–1　　　　　　C. ABC_1　　　　　　D. private

29. 在成绩中要查找成绩≥80 且成绩≤90 的学生，正确的条件表达式是（　　）。

    A. 成绩 Between 80 And 90　　　　　　B. 成绩 Between 80 To 90

    C. 成绩 Between 79 And 91　　　　　　D. 成绩 Between 79 To 91

30. 在数据表视图中，不能进行的操作是（　　）。

    A. 删除一条记录　　　　　　　　　　　B. 修改字段的类型

    C. 删除一个字段　　　　　　　　　　　D. 修改字段的名称

二、填空题

1. 栈和队列的共同特点是＿＿＿＿。

2. 栈通常采用的两种存储结构是＿＿＿＿和＿＿＿＿。

3. 二叉树由 3 个基本单元组成＿＿＿＿、＿＿＿＿、＿＿＿＿。

4. 数据模型主要包括＿＿＿＿、＿＿＿＿和＿＿＿＿。

5. 一般来说，数据库三级模式为用户模式、＿＿＿＿和＿＿＿＿。

6. 在关系数据模型中，把数据看成一个二维表，每一个二维表称为一个＿＿＿＿。

7. 数据库设计的四个阶段是：需求分析，概念设计，逻辑设计和＿＿＿＿。

8. 用链表表示线性表的优点是为＿＿＿＿。

9. 在单链表中，增加头结点的目的是为＿＿＿＿。

10. 树是结点的集合，它的根结点数目为＿＿＿＿。

11. 如果要求在执行查询时通过输入的学号查询学生信息，可以采用＿＿＿＿查询。

12. Access 中产生的数据访问页会保存在独立文件中，其文件格式是＿＿＿＿。

13. 一个栈的初始状态为空。首先将元素 5,4,3,2,1 依次入栈，然后退栈一次，再将元素 A,B,C,D 依次入栈，之后将所有元素全部退栈，则所有元素退栈（包括中间退栈的元素)的顺序为_____。

14. 在长度为 n 的线性表中，寻找最大项至少需要比较_____次。

15. 一棵二叉树有 10 个度为 1 的结点，7 个度为 2 的结点，则该二叉树共有_____个结点。

三、简答题

1. 简述数据结构的基本类型。

2. 简述二叉树的先序、中序和后序遍历过程。

3. 试述数据、数据库、数据库管理系统、数据库系统的概念。

4. 实体之间的联系有哪几种？分别举例说明。

5. 说明组成一个数据库的各个对象的作用。

6. 简述利用设计器创建表对象的过程？

7. Access 中共有几种查询？简述它们的功能。

习题九 | 多媒体技术基础

一、选择题

1. 所谓媒体是指（   ）。
   A. 表示和传播信息的载体　　　　　　B. 各种信息的编码
   C. 计算机的输入输出信息　　　　　　D. 计算机屏幕显示的信息

2. 多媒体信息不包括（   ）。
   A. 景像、动画　　　B. 文字、图形　　　C. 音频、视频　　　D. 声卡、光盘

3. 多媒体计算机系统中，内存和光盘属于（   ）。
   A. 感觉媒体　　　　B. 传输媒体　　　　C. 表现媒体　　　　D. 存储媒体

4. 请判断以下哪些属于多媒体的范畴（   ）。
   （1）交互式视频游戏；（2）有声图书；（3）彩色画报；（4）立体声音乐。
   A.（1）　　　　　　B.（1）、（2）　　　C.（1）、（2）、（3）　D. 全部

5. 一般说来，要求声音的质量越高，则（   ）。
   A. 量化级数越低和采样频率越低　　　B. 量化级数越高和采样频率越高
   C. 量化级数越低和采样频率越高　　　D. 量化级数越高和采样频率越低

6. MIDI 文件中记录的是（   ）。
   A. 乐谱　　　　　　　　　　　　　　B. MIDI 量化等级和采样频率
   C. 波形采样　　　　　　　　　　　　D. 声道

7. 下列配置中哪些是 MPC 必不可少的（   ）。
   （1）CD-ROM 驱动器。（2）高质量的音频卡。
   （3）高分辨率的图形、图像显示。（4）高质量的视频采集卡。
   A.（1）　　　　　　B.（1）（2）　　　C.（1）（2）（3）　　D. 全部

8. 音频与视频信息在计算机内是以（   ）表示的。
   A. 模拟信息　　　　　　　　　　　　B. 模拟信息或数字信息
   C. 数字信息　　　　　　　　　　　　D. 某种转换公式

9. 对波形声音采样频率越高，则数据量（   ）。
   A. 越大　　　　　　B. 越小　　　　　C. 恒定　　　　　　D. 不能确定

10. 如下（   ）不是多媒体技术的特点。
    A. 集成性　　　　　B. 交互性　　　　C. 实时性　　　　　D. 兼容性

11. 下列说法中正确的是（　　　）。

（1）图像都是由一些排成行列的像素组成的，通常称位图或点阵图。（2）图形是用计算机绘制的画面，也称矢量图。（3）图像的最大优点是容易进行移动、缩放、旋转和扭曲等变换。（4）图形文件中只记录生成图的算法和图上的某些特征点，数据量较小。

    A.（1）（2）（3）　　B.（1）（2）（4）　　C.（1）（2）　　D.（3）（4）

12. 以下（　　　）不是常用的声音文件格式。

    A. JPEG 文件　　　B. WAV 文件　　　C. MIDI 文件　　　D. VOC 文件

13. 如下（　　　）不是图形图像文件的扩展名。

    A. MP3　　　　　B. BMP　　　　　C. GIF　　　　　D. WMF

14. 如下（　　　）不是图形图像处理软件。

    A. ACDSee　　　B. CorelDRAW　　　C. 3DS MAX　　　D. SNDREC32

15. 扩展名为.MP3 的含义是（　　　）。

    A. 采用 MPEG 压缩标准第 3 版压缩的文件格式

    B. 必须通过 MP-3 播放器播放的音乐格式

    C. 采用 MPEG 音频层标准压缩的音频格式

    D. 将图像、音频和视频三种数据采用 MPEG 标准压缩后形成的文件格式

16. 多媒体是指文本、图形、（　　　）、图像等媒体和计算机程序融合在一起形成的信息传播媒体。

    A. 硬件　　　　　B. 文件　　　　　C. 声音　　　　　D. 通讯

17. 对多媒体数据进行压缩是因为（　　　）。

    A. 多媒体数据量太大

    B. 多媒体数据的结构太复杂

    C. 多媒体数据不压缩硬件设备就无法播放

    D. 以上三种原因都有

18. 下列关于计算机图形图像的描述中，不正确的是（　　　）。

    A. 图像都是由一些排成行列的点像素.组成的，通常称为位图或点阵图

    B. 图像的最大优点是容易进行移动.缩放.旋转和扭曲等变换

    C. 图形是用计算机绘制的画面，也称矢量图

    D. 图形文件中只记录生成图的算法和图上的某些特征点，数据量较小

19. 下列图像文件中，（　　　）存放的是 ASCII 码。

    A. JPEG　　　　　B. TIF　　　　　C. PSD　　　　　D. DXF

20. 表示颜色的种类的概念是（　　　）。

    A. 亮度　　　　　B. 色调　　　　　C. 饱和度　　　　　D. 色差

二、填空题

1. 一幅彩色图像的像元是由_____三种颜色组成的。

2. 在计算机中，多媒体数据最终是以_____存储的。

3. 颜色的基本概念包括亮度_____、_____。

4. 通常概念的媒体分为五类，包括_____、_____、_____、_____、_____。

5. 模拟信号到数字信号的转换过程包括_____、_____、_____、三步。

三、简述题

1. 简述常见的音频数据压缩标准。

2. 简述常见的静止图像数据压缩标准。

3. 简述常见的视频数据压缩标准。

四、计算题

1. 一幅 24 位真彩色图像（没压缩的 BMP 位图文件），文件大小 1200KB，若将其分别保存为 256 色，16 色，单色位图文件，文件大小分别是多少？

2. 一段 3 分钟双声道、采样频率 44.1kHz、采样精度 32 位的声音数字化后的数据量是多少？

第三部分　综合模拟测试题

模拟试题（一）

说明：题前标有▲符号的题目为理工科专业学生试题；题前标有 ★ 符号的题目为文科专业学生试题；其他题前无特殊标记的试题为所有专业学生必做试题。

一、选择题（共40分，每题1分）

1. 计算机之所以能自动地进行工作，主要是因为计算机采用了（　　）。
   A. 二进制数制　　　B. 存储程序控制　　　C. 程序设计语言　　　D. 高速电子元件

2. 计算机中，存储容量常用 KB 表示，4KB 表示的存储单元容量是（　　）。
   A. 4 000 个位　　　B. 4 000 个字节　　　C. 4 096 个位　　　D. 4 096 个字节

3. 在计算机内一切信息的存取、传输和处理都是以（　　）形式进行的。
   A. ASCII 码　　　B. BCD 码　　　C. 二进制　　　D. 十进制

4. 计算机指令结构中，规定其操作功能的部分称为（　　）。
   A. 操作码　　　B. 数据码　　　C. 源地址码　　　D. 目标地址码

5. 计算机中，控制器的基本功能是（　　）。
   A. 实现算术运算和逻辑运算　　　　　　B. 存储各种控制信息
   C. 保持各种控制状态　　　　　　D. 控制计算机各个部件协调一致地工作

6. 八进制数 0.1 转换为十六进制数是（　　）。
   A. 0.01　　　B. 0.1　　　C. 0.2　　　D. 0.5

7. 计算机系统结构的五大基本组成部件一般通过（　　）加以连接。
   A. 总线　　　B. 电缆　　　C. 中继器　　　D. 适配器

8. 计算机能直接执行的程序是（　　）。
   A. C 语言源程序　　　　　　B. 机器语言程序
   C. BASIC 语言程序　　　　　　D. 汇编语言程序

9. 为解决某一特定问题而设计的指令序列称为（　　）。
   A. 程序　　　B. 文档　　　C. 语言　　　D. 系统

10. 计算机病毒是指（　　）。
    A. 编制有错误的计算机程序　　　　　　B. 设计不完善的计算机程序
    C. 计算机的程序已被破坏　　　　　　D. 以危害系统为目的的特殊计算机程序

11. 操作系统的主要功能是（　　　）。

    A. 实现软、硬件转换   B. 把源程序转换为目标程序

    C. 管理所有的软、硬件资源   D. 进行数据处理

12. 在 Windows 7 中，利用"任务栏"（　　　）。

    A. 可以显示系统的所有功能   B. 只能显示当前活动窗口名

    C. 可以实现窗口之间的切换   D. 只能显示正在后台工作的窗口名

13. 在 Windows 7 应用程序的菜单中，选中末尾带有省略号（…）的命令意味着（　　　）。

    A. 将弹出子菜单   B. 将执行该菜单命令

    C. 表明该命令已被选用   D. 将弹出一个对话框

14. 在 Windows 7 中，可以为对象创建快捷方式图标，对象（　　　）。

    A. 可以是任何文件或文件夹   B. 只能是可执行程序或程序组

    C. 只能是单个文件   D. 只能是程序文件和文档文件

15. 在包含多个文件或者子文件夹的 Windows 7 窗口中，选择连续的对象，单击第一个对象后，可按住（　　　）键，并单击（　　　），则所有连续对象全部选中。

    A. Shift，第一个对象   B. Shift，随便一个对象

    C. Shift，最后一个对象   D. Alt，最后一个对象

16. 在 Windows 7 中，下面关于"回收站"的叙述中正确的是（　　　）。

    A. 暂存硬盘上所有被删除的对象   B. 回收站的内容不可以恢复

    C. 回收站的内容不占用硬盘空间   D. 清空回收站后仍可用命令方式恢复

17. 在 Windows 7 中，当一个窗口最大化后，下列叙述中错误的是（　　　）。

    A. 该窗口可以被关闭   B. 该窗口可以移动

    C. 该窗口可以最小化   D. 该窗口可以还原

18. 在 Word 2010 中，"打开"文档的作用是（　　　）。

    A. 将指定的文档从内存中读入，并显示出来

    B. 为指定的文档打开一个空白窗口

    C. 将指定的文档从外存中读入，并显示出来

    D. 显示并打印指定文档的内容

19. 在 Word 2010 文档中，将插入点定位于句子"飞流直下三千尺"中的"直"与"下"之间，按一下【Delete】键，则该句子（　　　）。

    A. 变为"飞流下三千尺"   B. 变为"飞流直三千尺"

    C. 整句被删除   D. 不变

20. 下面对 Word 2010 编辑功能的描述中（　　　）错误的。

    A. Word 2010 可以开启多个文档编辑窗口

    B. Word 2010 可以插入多种格式的系统时期、时间插入到插入点位置

    C. Word 2010 可以插入多种类型的图形文件

    D. 使用"编辑"菜单中的"复制"命令可将已选中的对象拷贝到插入点位置

21. 在 Word 2010 中，如希望在每一段文字前加上标号（如：1. 2. ），最简捷的方法是设置（　　　）。

  A. 项目符号和编号   B. 段落

  C. 序号   D. 直接输入标号

22. Excel 2010 中某区域由 A1，A2，A3，B1，B2，B3 单元格组成，不能使用的区域标识是（   ）。

  A. A1:B3   B. B3:A1   C. A3:B1   D. A3:B3

23. 在 Excel 2010 中，改变图表（   ）后，Excel 会自动更新图表。

  A. X 轴数据   B. Y 轴数据   C. 所依赖的数据   D. 标题

24. 将 Excel 2010 工作表的单元格 B5 中的函数=SUM(A1:$D$3)复制到单元格 C6 中，则单元格 C6 中的函数为（   ）。

  A. =SUM(A1:$D$3)   B. =SUM(B2:$D$3)

  C. =SUM(B2:$E$4)   D. =SUM(B4:$D$3)

25. 在 PowerPoint 2010 中，能从当前幻灯片开始放映的方法是（   ）。

  A. 选择"视图"→"幻灯片放映"命令

  B. 单击"幻灯片放映"功能区"开始放映幻灯片"分组中的"观看放映"按钮

  C. 单击窗口左下角的"幻灯片放映"按钮

  D. 在键盘上按【F5】键

26. 计算机网络的主要目标是（   ）。

  A. 分布处理   B. 提高计算机的可靠性

  C. 将多台计算机连接起来   D. 实现资源共享

27. 一个计算机网络组成包括（   ）。

  A. 主机和通信处理机   B. 通信子网和资源子网

  C. 传输介质和通信设备   D. 用户计算机和终端

28. 在一所大学里，每个系都有自己的局域网，则连接各个系的局域网是（   ）。

  A. 广域网   B. 局域网

  C. 地区网   D. 这些局域网不能互连

29. 在计算机网络中，通常把提供并管理共享资源的计算机称为（   ）。

  A. 服务器   B. 工作站   C. 网关   D. 网桥

30. Internet 上有许多应用，其中用来传输文件的是（   ）。

  A. FTP   B. WWW   C. E-mail   D. TELNET

31. IP 地址的表示方法为 hhh.hhh.hhh.hhh，其每段的取值范围是（   ）。

  A. 1～254   B. 0～255   C. 1～126   D. 0～15

32. 在多媒体技术中，将最终成为计算机的主要输入手段的是（   ）。

  A. 鼠标   B. 触摸屏   C. 语音识别   D. 键盘

33. 音频卡是按（   ）分类的。

  A. 采样频率   B. 声道数   C. 采样量化位数   D. 压缩方式

34. 下列采集的波形声音质量最好的是（   ）。

  A. 单声道、8 位量化、22.05 kHz 采样频率

  B. 双声道、8 位量化、44.1 kHz 采样频率

C. 单声道、16 位量化、22.05 kHz 采样频率

D. 双声道、16 位量化、44.1 kHz 采样频率

35. 色彩位数用八位二进制表示每个像表的颜色时，能表示（ ）种不同的颜色。

    A. 8　　　　　　　B. 16　　　　　　　C. 64　　　　　　　D. 256

36. （ ）不是常用的音频文件的后缀。

    A. WAV　　　　　B. DOC　　　　　C. MP3　　　　　D. WMA

37. （ ）是常用的图像处理软件。

    A. Access　　　　B. Photoshop　　　　C. PowerPoint　　　　D. Dreamweaver

38. ★算法常用的描述工具包括（ ）。

    A. 自然语言　　　B. 流程图　　　　C. 伪代码　　　　D. 以上三者

39. ★不属于线性数据结构的是（ ）。

    A. 单链表　　　　B. 二叉树　　　　C. 队列　　　　D. 栈

40. ★软件生命周期的（ ）阶段的任务是确定系统必须完成的工作。

    A. 问题定义　　　B. 可行性研究　　　C. 需求分析　　　D. 总体设计

41. ▲数据库系统的核心软件是（ ）。

    A. 数据库　　　　　　　　　　　B. 数据库设计工具

    C. 数据库应用软件　　　　　　　D. 数据库管理系统

42. ▲数据库设计中，常用的数据模型不包括（ ）。

    A. 层次模型　　　B. 三维模型　　　C. 网状模型　　　D. 关系模型

43. ▲关系表中的一行称为一个（ ）。

    A. 域　　　　　　B. 属性　　　　　C. 元组　　　　　D. 分量

二、写出以下英文缩写的中文名称（共 10 分，每题 1 分）

1. ASCII　＿＿＿＿＿＿＿　　2. ROM　＿＿＿＿＿＿＿

3. CAI　＿＿＿＿＿＿＿　　　4. NIC　＿＿＿＿＿＿＿

5. OSI/RM　＿＿＿＿＿＿＿　　6. TCP　＿＿＿＿＿＿＿

7. HTML　＿＿＿＿＿＿＿　　8. DBMS　＿＿＿＿＿＿＿

9. MPC　＿＿＿＿＿＿＿　　　10. MPEG　＿＿＿＿＿＿＿

三、填空题（共 12 分，每题 2 分）

1. $(10110110)_2 = ($ $)_{10}$　　2. $(75)_{10} = ($ $)_2$

3. $(1101010)_2 = ($ $)_{16}$　　4. $(9B)_{16} = ($ $)_8$

5. 二进制与运算：10110110 ∧ 11011100 ＝ ＿＿＿＿＿＿＿

6. 二进制或运算：10011010 ∨ 10100110 ＝ ＿＿＿＿＿＿＿

四、计算题（共 20 分，每题 5 分）

1. 写出十进制数 19.375 的浮点数表示形式。

（假定计算机字长为 16，其中阶符占 1 位，阶码占 5 位，数符占 1 位，尾数占 9 位）

2. 假定计算机字长为 8，用补码表示形式完成整数运算：48 － 51

3. 若有一个硬盘，其容量为 2GB，已知该硬盘有 64 个扇区，4 096 个柱面，每个存储块 512B，问此硬盘共有多少个磁头？

4. ★一张图片（分辨率为 800×600 像素，24 位真彩色）在不压缩情况下其数据量是多少？

5. ▲双声道、16 位采样位数、44.1kHz 采样频率的声音，在不压缩情况下，一张 CD 光盘（容量为 540MB）能存储多少分钟这样的声音？

五、简答题（共 18 分，每题 6 分）

1. 内存与外存有何区别？

2. A 机 Office 2010 的安装路径是 C:\Program Files\Microsoft Office，将此文件夹中的所有内容通过优盘复制到 B 机，B 机能否运行此软件？为什么？

3. ★IP 地址分为几类，如何进行区分？

4. ▲子网掩码的作用是什么？写出各类 IP 地址默认的子网掩码。

模拟试题（二）

一、填空题（共 20 分，每空 1 分）

1. ENIAC 是采用＿＿＿＿＿作为基本电子器件的电子计算机。

2. 操作系统按功能可分为多道批处理系统、＿＿＿＿＿与＿＿＿＿＿。

3. 用 Word 2010 新建一个文档，保存文件时的默认扩展名是＿＿＿＿＿。

4. 若关系表中的某个属性组，可以唯一确定一个元组，则此属性组称为＿＿＿＿＿。

5. 关系模型的三类完整性规则包括＿＿＿＿＿完整性、＿＿＿＿＿完整性和＿＿＿＿＿完整性。

6. 计算机网络中常见的有线传输介质有双绞线、＿＿＿＿＿和＿＿＿＿＿。

7. ＿＿＿＿＿是由国际标准化组织 ISO 制定的网络层次结构模型。

8. 域名服务器 DNS 的基本任务是＿＿＿＿＿。

9. 音频数据数字化包括＿＿＿＿＿、＿＿＿＿＿和＿＿＿＿＿三个过程。

10. 在多媒体数据压缩技术中，根据解码后数据是否能够完全无丢失地恢复进行分类，压缩技术可以分为＿＿＿＿＿和＿＿＿＿＿。

11. WAV 是＿＿＿＿＿数据常见的文件存储格式；BMP 是＿＿＿＿＿数据常见的文件存储格式；AVI 是＿＿＿＿＿数据常见的文件存储格式。

二、选择题（共 30 分，每题 1 分）

1. 计算机的发展阶段通常是按计算机所采用的（　　）来划分的。
   - A. 内存容量
   - B. 电子器件
   - C. 操作系统
   - D. 程序设计语言

2. CAD 是计算机的一个应用领域，其含义是（　　）。
   - A. 计算机辅助设计
   - B. 计算机辅助制造
   - C. 计算机辅助工程
   - D. 计算机辅助教学

3. 计算机病毒是指（　　）。
   - A. 能传染给用户的磁盘病毒
   - B. 已感染病毒的磁盘
   - C. 具有破坏性的特制程序
   - D. 已感染病毒的程序

4. 从第一代电子计算机到第四代电子计算机的体系结构都是相同的，都是由运算器、控制器、存储器以及输入输出设备组成的，称为（　　）体系结构。
   - A. 艾伦·图灵
   - B. 冯·诺依曼
   - C. 布尔
   - D. 帕斯卡

5. 计算机内存储器可分为（　　）两类。
   - A. RAM 和 ROM
   - B. RAM 和 EPROM
   - C. 硬盘和软盘
   - D. 内存储器和外存储器

6. 内存储器的每一个存储单元都被赋予唯一的序号，称为（　　）。
   - A. 地址
   - B. 标号
   - C. 容量
   - D. 内容

7. 下列选项中决定计算机的运算精度的是（　　）。

  A. 主频   B. 字长

  C. 内存容量   D. 硬盘容量

8. 计算机能够直接识别和执行的程序是用（　　）编写的程序。

  A. 汇编语言   B. 机器语言

  C. 高级语言   D. 面向对象语言

9. 下面语言中，属于面向对象程序设计语言的是（　　）。

  A. Java   B. Basic

  C. C 语言   D. Pascal

10. 为解决各类应用问题而编写的程序，称为（　　）。

  A. 系统软件   B. 支撑软件

  C. 应用软件   D. 数据库管理系统

11. 在计算机内部用于存储、交换、处理的汉字编码叫做（　　）。

  A. 国标码   B. 机内码

  C. 输入码   D. 字形码

12. 操作系统的作用是（　　）。

  A. 解释执行源程序   B. 编译源程序

  C. 进行数制转换   D. 控制和管理系统资源

13. 在 Windows 7 中，用（　　）组合键可以进行中/英文输入法的切换。

  A. Shift+Ctrl   B. Alt+Ctrl

  C. Ctrl+Space   D. Shift+Alt

14. Windows 7 中的回收站是（　　）。

  A. 内存中的一个区域   B. 硬盘上的一个文件

  C. 硬盘的一个逻辑分区   D. 硬盘上的一个文件夹

15. 用 Word 2010 编辑文档时，只有（　　）视图才能直接看到设置的页眉和页脚。

  A. 普通   B. Web 版式

  C. 页面   D. 大纲

16. 在 Word 2010 编辑状态打开一个文档，对其进行修改后选择"关闭"操作则（　　）。

  A. 文档被关闭，并自动保存修改后的内容

  B. 弹出对话框，并询问是否保存对文档的修改

  C. 文档被关闭，修改后的内容不能保存

  D. 文档不能关闭，并提示出错

17. 在 Word 2010 编辑窗口中要将插入点快速移动到文档开始位置应按（　　）键。

  A. Home   B. PageUp

  C. Ctrl+Home   D. Ctrl+PageUp

18. Excel 2010 电子表格文件的默认扩展名为（　　）。

  A. .xlc   B. .xlsx

  C. .xls   D. .xla

19. 在 Excel 2010 中，公式或者函数中表示范围地址是以（　　）分隔的。

  A. 逗号   B. 冒号

  C. 分号   D. 等号

20. 在 PowerPoint 2010 中，按（　　）键可切换到最后一张幻灯片。

  A. End   B. Home

  C. PageDown   D. Enter

21. 在计算机内，多媒体数据最终是以（　　）形式存在的。

  A. ASCII 码   B. 二进制数码

  C. 十进制代码   D. 汉字国标码

22. MPEG 是（　　）数据的一种压缩标准。

  A. 文字   B. 图像

  C. 音频   D. 视频

23. 可用于图像编辑和处理的工具软件是（　　）。

  A. PowerPoint   B. Photoshop

  C. Flash   D. 3DS MAX

24. 在 Internet 中，http 是一种（　　）协议

  A. 远程登录   B. 电子邮件

  C. 超文本传输   D. 文件传输

25. 以结点为中心，把若干外围结点连接起来的拓扑结构称为（　　）拓扑结构。

  A. 总线型   B. 星形

  C. 环形   D. 网状

26. 根据域名代码规定，域名为 katong.com.cn 表示的网站类别是（　　）。

  A. 教育机构   B. 军事部门

  C. 商业组织   D. 政府部门

27. 路由器属于 OSI／RM 模型的（　　）互连设备。

  A. 传输层   B. 数据链路层

  C. 物理层   D. 网络层

28. 数据库系统一般由三级模式组成，其中模式指的是（　　）。

  A. 局部逻辑视图   B. 对存储结构的描述

  C. 所有用户的公共数据视图   D. 对物理结构的描述

29. 常见的数据模型不包括（　　）。

  A. 层次模型   B. 链状模型

  C. 网状模型   D. 关系模型

30. 在关系模型中，一个关系相当于一张二维表，二维表中的行称为（　　）。

  A. 数据项   B. 元组

  C. 结构   D. 属性

三、计算题（共 25 分，每题 5 分）

说明：第 1～3 题为所有专业学生试题

1. 将十进制数 87 转换为二进制数、八进制数和十六进制数。

2. 写出十进制数 23.625 的浮点数表示形式。

（假定计算机字长为 16，其中阶符占 1 位，阶码占 5 位，数符占 1 位，尾数占 9 位）

3. 使用补码形式完成运算：43 − 57（假定计算机字长为 8）。

说明：第 4～5 题为文科专业学生试题

4. 有 IP 地址为 153.234.100.109，试判断此 IP 地址的类型，说明理由。

5. 某同学收集了大量精美的壁纸图片（图片分辨率均为 1 024×768 像素，32 位真彩色），要将这些图片刻录在 CD 光盘上，那么一张 CD 光盘大约可存储多少张这样的图片？

说明：第 6～7 题为理工科专业学生试题

6. A 机 IP 地址为 204.234.100.109，其子网掩码为 255.255.255.224，现有 B 机 IP 地址为 204.234.100.87，C 机 IP 地址为 204.234.100.99，试判断 B 机与 C 机哪一个与 A 机属于同一子网，说明理由。

7. 五分钟双声道、16 位采样位数、44.1kHz 采样频率的声音，在不压缩情况下其数据量是多少？

四、简答题（共 25 分）

1. 假如你要为自己组装一台计算机，那么你考虑需要购买哪些硬件设备？（7 分）

2. 若为新买的计算机安装软件，你认为应该首先安装什么软件？为什么？（6 分）

3. 假设 C 盘 Mydoc 文件夹中有文件 Readme.txt，若要将其复制到 D 盘 Temp 文件夹，如何实现此操作（要求至少使用两种方法实现）。（5 分）

4. 若要组建一个网吧，你认为需要购买哪些设备，并说明这些设备的用途。（7 分）

模拟试题（三）

一、选择题（共 40 分，每题 1 分）

1. 世界上第一台电子计算机诞生于（   ）。
   A. 1942 年　　　　　B. 1945 年　　　　　C. 1946 年　　　　　D. 1952 年

2. 计算机中运算器的主要功能是负责（   ）。
   A. 分析指令并执行　　　　　　　　　B. 控制计算机的运行
   C. 存取内存中的数据　　　　　　　　D. 算术运算和逻辑运算

3. 下面（   ）组中的设备不全属于输出设备。
   A. 显示器、音箱　　　　　　　　　　B. 摄像头、音箱
   C. 打印机、音箱　　　　　　　　　　D. 打印机、显示器

4. 在计算机内一切信息的存取、传输和处理都是以（   ）形式进行的。
   A. ASCII 码　　　　B. BCD 码　　　　C. 二进制　　　　D. 十进制

5. 字符的 ASCII 是 7 位编码，在微机中表示方法准确地描述应是（   ）。
   A. 使用 8 位二进制代码，最高位是 0　　　B. 使用 8 位二进制代码，最低位是 0
   C. 使用 8 位二进制代码，最高位是 1　　　D. 使用 8 位二进制代码，最低位是 1

6. 目前市场上流行的 Pentium Ⅲ 微机中的 Pentium Ⅲ 指的是（   ）。
   A. 硬盘容量　　　B. 主频　　　C. 微处理器型号　　　D. 内存容量

7. 下列微机存储器中，存取速度最快的是（   ）。
   A. 硬盘　　　　　B. 软盘　　　　　C. CD-ROM　　　　D. 内存

8. 微型计算机系统采用总线结构对 CPU、存储器和外围设备进行连接。总线通常分为（   ）。
   A. 逻辑总线、传输总线和通信总线　　　B. 地址总线、运算总线和逻辑总线
   C. 数据总线、信号总线和传输总线　　　D. 数据总线、地址总线和控制总线

9. 为解决某一特定问题而设计的指令序列称为（   ）。
   A. 文档　　　　　B. 语言　　　　　C. 程序　　　　　D. 系统

10. 关于杀毒软件的说法正确的是（   ）。
    A. 可杜绝病毒的危害
    B. 只能检测到已知的病毒并清除它们
    C. 可检查并清除计算机中所有病毒
    D. 在清除病毒时，会对正常文件产生一定的损坏

11. 计算机病毒是指（   ）的计算机程序。
    A. 编制有错误　　　　　　　　　　　B. 设计不完善
    C. 已被破坏　　　　　　　　　　　　D. 以危害系统为目的的特殊

12. 办公自动化是计算机的一项应用，按计算机应用的分类，它属于（   ）。
    A. 科学计算　　　B. 实时控制　　　C. 数据处理　　　D. 辅助设计

13. 在微型计算机中，整数的编码采用（   ）。
    A. 原码　　　　　B. 反码　　　　　C. 补码　　　　　D. ASCII

14. 计算机中的实数有浮点表示和定点表示两种，浮点表示的数通常由两部分组成，即（ ）。

    A. 指数和基数   B. 尾数和小数   C. 阶码和尾数   D. 整数和小数

15. 在 Windows 的窗口中，选中末尾带有省略号(...)的命令意味着（ ）。

    A. 将弹出子菜单   B. 命令被选用

    C. 命令被禁用   D. 将弹出一个对话框

16. 在 Windows 中快速访问某一应用程序，最好的方式是（ ）。

    A. 将该应用程序拖到任务栏上   B. 将该程序存放在计算机的 C 盘根目录上

    C. 在桌面上建立该应用程序的快捷方式   D. 将该应用程序直接拖到桌面上

17. 在 Windows 资源管理器窗口中，如果一次选定多个分散的文件或文件夹，正确的操作是（ ）。

    A. 按住【Ctrl】键右键逐个选取   B. 按住【Ctrl】键左键逐个选取

    C. 按住【Shift】键右键逐个选取   D. 按住【Shift】键左键逐个选取

18. 在 Windows 中，关于"回收站"叙述正确的是（ ）。

    A. 暂存硬盘上被删除的文件   B. 回收站的内容不可以恢复

    C. 清空回收站后仍可用命令方式恢复   D. 回收站的内容不占用硬盘空间

19. 在资源管理器中，在"查看"菜单选择"排列图标"中的"按大小"命令，则文件夹的文件按（ ）排列。

    A. 文件名大小   B. 扩展名大小

    C. 文件大小   D. 建立或修改的时间大小

20. 在 Windows 文件管理中，要对一个文件重命名，则下面的操作中不能实现的是（ ）。

    A. 连续两次单击该文件的名称

    B. 在文件上右击，选择快捷菜单的"重命名"命令

    C. 用鼠标指向该对象并双击左键

    D. 在文件上左击，选择文件菜单的"重命名"命令

21. 在 Windows "开始"菜单下的"文档"菜单中存放的是（ ）。

    A. 最近建立的文档   B. 最近打开的文件夹

    C. 最近打开的文档   D. 最近运行过的程序

22. 在 Windows 中，当一个窗口已经最大化后，下列叙述中错误的是（ ）。

    A. 该窗口可被关闭   B. 该窗口可以移动

    C. 该窗口可最小化   D. 该窗口可以还原

23. 在 MS Word 中如果希望在每一段文字前加上标号（如：1. 2.），最简捷的方法是设置（ ）。

    A. 项目符号和编号   B. 段落

    C. 序号   D. 直接输入标号

24. 在 MS Word 的编辑状态下，可以显示页眉页脚的视图方式是（ ）。

    A. 普通视图方式   B. 页面视图方式

    C. 大纲视图方式   D. 各种视图方式

25. 在 MS Word 中当前文档的字体全是宋体, 选定一段文字后设定为楷体, 又设定为仿宋体, 则 (　　　)。

A. 文档全文为楷体 　　　　　　B. 被选内容为宋体

C. 被选内容为仿宋体 　　　　　　D. 文档全文字体不变

26. 在 MS Excel 中如果一个单元格中的信息是以=开头, 则说明该单元格中的信息是 (　　　)。

A. 常数 　　　　　　B. 公式 　　　　　　C. 提示信息 　　　　　　D. 无效数据

27. MS Excel 中将单元格 F2 中的公式=SUM(A2:E2)复制到单元格 F3 中, F3 中显示的公式为 (　　　)。

A. =SUM(A2:E2) 　　B. =SUM(A3:E2) 　　C. =SUM(A2:E3) 　　D. =SUM(A3:E3)

28. 在 MS Excel 中, 表格的宽度和高度 (　　　)。

A. 行高列宽均不可变 　　　　　　B. 列宽可变行高不可变

C. 行高可变列宽不可变 　　　　　　D. 行高列宽均可变

29. 在 MS PowerPoint 中, 幻灯片 "切换" 效果是指 (　　　)。

A. 幻灯片切换时的特殊效果 　　　　　　B. 幻灯片中某个对象的动画效果

C. 幻灯片放映时, 系统默认的一种效果 　　D. 幻灯片切换效果中不含"声音"效果

30. 计算机网络的目标是实现 (　　　)。

A. 分布处理 　　　　　　B. 信息传输与数据处理

C. 多台计算机连接 　　　　　　D. 资源共享与信息传输

31. 在计算机网络中, 通常把提供并管理共享资源的计算机称为 (　　　)。

A. 服务器 　　　　　　B. 工作站 　　　　　　C. 网关 　　　　　　D. 网桥

32. Internet 上有许多应用, 其中用来收发信件的是 (　　　)。

A. WWW 　　　　　　B. E-MAIL 　　　　　　C. FTP 　　　　　　D. TELNET

33. 下面顶级域名中表示商业机构的是 (　　　)。

A. com 　　　　　　B. edu 　　　　　　C. gov 　　　　　　D. net

34. IP 地址的表示方法为 nnn.hhh.hhh.hhh, 其每段的取值范围是 (　　　)。

A. 1~254 　　　　　　B. 0~255 　　　　　　C. 1~126 　　　　　　D. 0~15

35. 如果用户希望查找 Internet 上的某类特定主题的信息资源, 可以使用 (　　　)。

A. BBS 　　　　　　B. 搜索引擎 　　　　　　C. Outlook 　　　　　　D. OICQ

36. 下列选项中, 音质最好的是 (　　　)。

A. CD 唱片 　　　　　　B. 调频广播 　　　　　　C. 调幅广播 　　　　　　D. 电话

37. 下列采集的波形声音质量最好的是 (　　　)。

A. 单声道、8 位量化、22.05 kHz 采样频率

B. 双声道、8 位量化、44.1 kHz 采样频率

C. 单声道、16 位量化、22.05 kHz 采样频率

D. 双声道、16 位量化、44.1 kHz 采样频率

38. 以下属于动画制作软件的是 (　　　)。

A. Photoshop 　　　　　　B. PowerPoint 　　　　　　C. Flash MX 　　　　　　D. Dreamweaver

39. （　　　）不是常用的音频文件的后缀。

    A. WAV　　　　　　B. MOD　　　　　　C. MP3　　　　　　D. DOC

40. 以下文件格式中不是视频文件格式的是（　　　）。

    A. MOV　　　　　　B. AVI　　　　　　C. JPG　　　　　　D. MPG

二、判断题（共 10 分，每题 1 分）

1. 应用软件是指能被各应用单位共同使用的某种软件。　　　　　　　　　　（　　　）

2. 微型计算机能处理的最小数据单位是字节。　　　　　　　　　　　　　　（　　　）

3. 系统软件是在应用软件基础上开发的。　　　　　　　　　　　　　　　　（　　　）

4. 在 Windows 中，"剪贴板"是硬盘中的一块区域。　　　　　　　　　　　（　　　）

5. 在 Windows 中，文件夹中可以存放其他文件但不可以存放其他文件夹。　（　　　）

6. 在 MS Word 的表格中，拆分单元格只能在列上进行。　　　　　　　　　（　　　）

7. 在 MS Excel 中，不能进行插入和删除工作表的操作。　　　　　　　　　（　　　）

8. 在 MS PowerPoint 中，每张幻灯片是由若干对象组成的。　　　　　　　（　　　）

9. 在 MS PowerPoint 放映幻灯片时，若中途要退出播放状态，应按【Esc】功能键。

    　　　　　　　　　　　　　　　　　　　　　　　　　　　　　　　（　　　）

10. JPG 是常用的图像文件的后缀。

三、根据英文缩写选择相应的中文名称（共 10 分，每题 1 分）

英文缩写：　1. ASCII　　2. TCP　　3. RAM　　4. LAN　　5. HTTP

           6. OSI/RM　7. FTP　　8. MPC　　9. URL　　10. SMTP

中文名称：　A. 超文本传输协议　　　　B. 传输控制协议

           C. 多媒体个人计算机　　　D. 局域网　　　E. 简单邮件传输协议

           F. 随机存取存储器　　　　G. 统一资源定位器　　　H. 文件传输协议

           K. 开放式系统互联参考模型　　　　J. 美国标准信息交换码

四、简答题（共 18 分，每题 6 分）

1. 说明剪贴板在 Windows 中的用途，如何操作？

2. 文科题：分类列举常见的存储设备；　　　理工科题：简述内存与外存的区别。

3. 文科题：简述 Internet 提供的主要服务；　　理工科题：用补码形式实现运算：−13+9。

五、论述题（共 10 分）

以自己的体会浅谈"多媒体技术在 Internet 中的应用"。

模拟试题（四）

一、选择题（共40分，每题1分）

1. 目前普遍使用的微机，所采用的逻辑元件是（　　）。
   - A. 电子管
   - B. 晶体管
   - C. 集成电路
   - D.（超）大规模集成电路

2. 从第一代电子计算机到第四代电子计算机的体系结构都是相同的，都是由运算器、控制器、存储器以及输入输出设备组成的，称为（　　）体系结构。
   - A. 艾伦·图灵
   - B. 冯·诺依曼
   - C. 布尔
   - D. 帕斯卡

3. 在表示存储容量时，1MB 表示 2 的（　　）次方，或是（　　）KB。
   - A. 20，1 000
   - B. 10，1 000
   - C. 20，1 024
   - D. 10，1 024

4. 机器指令是计算机能直接执行的指令包括两个部分，它们是（　　）。
   - A. 源操作数和目标操作数
   - B. 操作码和操作数
   - C. ASCII 码和汉字代码
   - D. 数字和文字

5. 常用的拼音输入法、五笔字型输入法等实际上是实现了（　　）。
   - A. 汉字的输入码和机内码的对应关系
   - B. 汉字的交换码和机内码的对应关系
   - C. 汉字的交换码和输入码的对应关系
   - D. 汉字的输入码和字形码的对应关系

6. 计算机系统结构的五大基本组成部件一般通过（　　）加以连接。
   - A. 适配器
   - B. 电缆
   - C. 中继器
   - D. 总线

7. 下列选项中，决定计算机运算精度的性能指标是（　　）。
   - A. 主频
   - B. 字长
   - C. 内存容量
   - D. 硬盘容量

8. 微型计算机中，控制器的基本功能是（　　）。
   - A. 实现算术运算和逻辑运算
   - B. 存储各种控制信息
   - C. 保持各种控制状态
   - D. 控制机器各个部件协调一致地工作

9. 目前比较流行的网络编程语言是（　　）。
   - A. Java 语言
   - B. Basic 语言
   - C. SQL
   - D. C 语言

10. 操作系统的作用是（　　）。
    - A. 控制管理系统资源
    - B. 编译源程序
    - C. 进行数制转换
    - D. 解释执行源程序

11. 计算机的软件系统通常分为（　　）。
    - A. 系统软件和应用软件
    - B. 高级软件和一般软件
    - C. 军用软件和民用软件
    - D. 管理软件和控制软件

12. 在数据的浮点表示法中，表示有效数字的是（　　）。
    - A. 阶码
    - B. 总位数
    - C. 基数
    - D. 尾数

13. 在 Windows 中，通过（　　）可以访问局域网上与之相连的其他计算机的信息。
    - A. Internet Explorer
    - B. 网上邻居
    - C. 我的文档
    - D. 计算机

14. 在 Windows 中，利用"任务栏"（　　　）。

　　A. 可以显示系统的所有功能　　　　　B. 只能显示当前活动窗口名

　　C. 只能显示正在后台工作的窗口名　　D. 可以实现窗口之间的切换

15. Windows 中的回收站是（　　　）。

　　A. 内存中的一个区域　　　　　　　　B. 硬盘上的一个文件

　　C. 硬盘的一个逻辑分区　　　　　　　D. 硬盘上的一个文件夹

16. 在 Windows 中，菜单选项前面有"√"的含义是表示（　　　）。

　　A. 该项命令处于有效状态　　　　　　B. 可弹出级联菜单

　　C. 该项功能当前不能使用　　　　　　D. 该项命令正确

17. 在 Windows 中，中文输入法的启动和关闭是用（　　　）组合键。

　　A. Ctrl+Shift　　　B. Ctrl+Alt　　　C. Ctrl+Space　　　D. Alt+Space

18. 删除安装在 Windows 中的应用软件的方法是（　　　）。

　　A. 删除应用软件的 EXE 类型文件　　B. 删除应用软件的文件夹

　　C. 通过控制面板的"添加/删除程序"　D. 将应用程序快捷方式图标拖入"回收站"

19. 在 MS Word 中，文本被剪贴后，暂时保存在（　　　）。

　　A. 临时文档　　　B. 新建文档　　　C. 剪贴板　　　D. 外存

20. 在 Word 文档编辑中，按（　　　）键删除插入点左边的字符。

　　A. Del　　　B. Backspace　　　C. Ctrl+Del　　　D. Alt+Del

21. 在 MS Word 中，如果在文字中插入图片，那么图片只能放在文字的（　　　）。

　　A. 左边　　　B. 中间　　　C. 下面　　　D. 前三种都可以

22. 在 MS Excel 中，以 A1 和 C5 为对角所形成矩形区域的表示方法是（　　　）。

　　A. A1–C5　　　B. A1:C5　　　C. A1~C5　　　D. A1,C5

23. 在 MS Excel 的下列引用地址中，（　　　）是绝对地址。

　　A. A100　　　B. A$100　　　C. $A100　　　D. $A$100

24. 在 MS Excel 中，做筛选数据操作后，表格中未显示的数据（　　　）。

　　A. 已被删除，不能再恢复　　　　　　B. 已被删除，但可以恢复

　　C. 被隐藏起来，但未被删除　　　　　D. 已被放置到另一个表格中

25. 在 MS PowerPoint 中，设置放映方式、控制演示文稿的播放过程是指（　　　）。

　　A. 设置幻灯片的切换效果

　　B. 设置演示文稿播放过程中幻灯片进入和离开屏幕时产生的视觉效果

　　C. 设置幻灯片中文本、声音、图像及其他对象的进入方式和顺序

　　D. 设置放映类型、换片方式、指定要演示的幻灯片

26. 计算机网络协议是为保证通信而指定的一组（　　　）。

　　A. 用户操作规范　　B. 硬件电气规范　　C. 规则或约定　　D. 程序设计语法

27. IEEE802 协议基本上覆盖 OSI 参考模型的（　　　）。

　　A. 物理层和数据链路层　　　　　　　B. 应用层和网络层

　　C. 传输层和网络层　　　　　　　　　D. 应用层和传输层

28. OSI（开放系统互联）参考模型的最低层是（　　　）。

    A. 传输层　　　　　B. 网络层　　　　　C. 物理层　　　　　D. 应用层

29. 在下面列出的传输介质中，抗干扰能力最强的是（　　　）。

    A. 微波　　　　　　B. 光纤　　　　　　C. 同轴电缆　　　　D. 双绞线

30. 网络适配器是一块插件板，通常插在 PC 的扩展插槽中，因此又称为（　　　）。

    A. 调制解调器　　　B. 网点　　　　　　C. 网卡　　　　　　D. 网桥

31. IP 地址由一组（　　　）的二进制数字组成。

    A. 8 位　　　　　　B. 16 位　　　　　　C. 32 位　　　　　　D. 64 位

32. 域名与 IP 地址一一对应，因特网是靠（　　　）完成这种对应关系的。

    A. DNS　　　　　　B. TCP　　　　　　C. FTP　　　　　　D. TELNET

33. 下面顶级域名中表示政府机构的是（　　　）。

    A. com　　　　　　B. edu　　　　　　C. gov　　　　　　D. net

34. WWW 引进了超文本的概念，超文本指的是包含（　　　）的文本。

    A. 链接　　　　　　B. 图像　　　　　　C. 多种颜色　　　　D. 多种文本

35. 使用浏览器访问 Internet 上的 Web 站点时，看到的第一个画面叫（　　　）。

    A. 主页　　　　　　B. Web 页　　　　　C. 文件　　　　　　D. 图像

36. 一般来说，要求声音的质量越高，则（　　　）。

    A. 量化级数越低和采样频率越低　　　　B. 量化级数越高和采样频率越高

    C. 量化级数越低和采样频率越高　　　　D. 量化级数越高和采样频率越低

37. 可用于图像编辑和处理的工具软件是（　　　）。

    A. PowerPoint　　　B. Photoshop　　　C. Flash　　　　　D. 3ds Max

38. （　　　）不是常用的音频文件的后缀。

    A. WAV　　　　　　B. BMP　　　　　　C. MP3　　　　　　D. WMA

39. 图像数据压缩的目的是（　　　）。

    A. 为了符合 ISO 标准　　　　　　　　B. 为了符合各国的电视制式

    C. 为了减少数据存储量，利于传输　　　D. 为了图像编辑的方便

40. MPEG 是（　　　）数据的一种压缩标准。

    A. 文字　　　　　　B. 图像　　　　　　C. 音频　　　　　　D. 视频

二、根据英文缩写选择相应的中文名称（共 10 分，每题 1 分）

英文缩写：

1. WWW　　　2. DNS　　　3. ROM　　　4. LAN　　　5. HTTP

6. ISP　　　　7. TCP　　　8. NOS　　　9. Email　　　10. USB

中文名称：

A. 网络操作系统　　　　　B. 局域网　　　　　　　C. 万维网

D. 电子邮件　　　　　　　E. 随机读写存储器　　　F. 只读存储器

G. 超文本标记语言　　　　H. 超文本传输协议　　　J. 简单邮件传输协议

K. 文件传输协议　　　　　L. 传输控制协议　　　　M. 网际协议

N. 通用串行接口　　　　　P. 域名系统　　　　　　Q. 网络服务提供商

三、计算题（共 14 分）

1. 数制转换（6 分=1 分×6）

　① 　　　　(1010111)$_2$ = (_____)$_{10}$　　② 　　(99)$_{10}$ = (_____)$_2$

　③ 　　　　(10100110)$_2$ = (_____)$_{16}$　　④ 　　(53)$_{16}$ = (_____)$_2$

　⑤ 　　　　(365)$_8$ = (_____)$_{16}$　　　⑥ 　　(64)$_{16}$ = (_____)$_{10}$

2. 完成二进制计算（4 分=2 分×2）

（1）二进制与运算：(10011011)$_2$ ∧ (10101010)$_2$ = (_____)$_2$

（2）二进制或运算：(10011011)$_2$ ∨ (10101010)$_2$ = (_____)$_2$

3. 按题目要求写出求解过程（4 分）

（1）用补码形式实现运算：– 13 + 17

（2）写出十进制数 – 23 的原码、反码和补码表示形式。

四、操作题（共 8 分，每题 4 分）

1. 在 Windows 中，有哪些方法可以实现文件或文件夹的重命名？

2. 在 MS Word 中，如何实现某一段落文字的复制？

五、简答题（共 20 分，每题 4 分）

1. 简述五大功能部件在计算机系统中的作用。

2. 什么是操作系统？列举常见的操作系统。

3. 什么是局域网和广域网，并举例说明。

附录 A | 常用字符与 ASCII 代码对照表

ASCII 值	字符	ASCII 值	字符	ASCII 值	字符
32	(space)	64	@	96	`
33	!	65	A	97	a
34	"	66	B	98	b
35	#	67	C	99	c
36	$	68	D	100	d
37	%	69	E	101	e
38	&	70	F	102	f
39	'	71	G	103	g
40	(	72	H	104	h
41	)	73	I	105	i
42	*	74	J	106	j
43	+	75	K	107	k
44	,	76	L	108	l
45	–	77	M	109	m
46	.	78	N	110	n
47	/	79	O	111	o
48	0	80	P	112	p
49	1	81	Q	113	q
50	2	82	R	114	r
51	3	83	S	115	s
52	4	84	T	116	t
53	5	85	U	117	u
54	6	86	V	118	v
55	7	87	W	119	w
56	8	88	X	120	x
57	9	89	Y	121	y
58	:	90	Z	122	z
59	;	91	[	123	{
60	<	92	\	124	→
61	=	93	]	125	}
62	>	94	^	126	~
63	?	95	–	127	△

附录 B | 计算机的发展简史

世界上第一台电子计算机：计算机的诞生酝酿了很长一段时间。1946 年 2 月，第一台电子计算机 ENIAC 在美国加州问世，ENIAC 用了 18 000 个电子管和 86 000 个其他电子元件，有两个教室那么大，运算速度却只有每秒 300 次混合运算或 5 000 次加法运算，耗资 100 万美元以上。尽管 ENIAC 有许多不足之处，但它毕竟是计算机的始祖，揭开了计算机时代的序幕。

电子管计算机时代：计算机的发展到目前为止共经历了四个时代，1946—1959 年这段时期我们称之为"电子管计算机时代"。第一代计算机的内部元件使用的是电子管。由于一部计算机需要几千个电子管，每个电子管都会散发大量的热量，因此，如何散热是一个令人头痛的问题。电子管的寿命最长只有 3 000 h，计算机运行时常常发生由于电子管被烧坏而使计算机死机的现象。第一代计算机主要用于科学研究和工程计算。

晶体管计算机时代：1960—1964 年，由于在计算机中采用了比电子管更先进的晶体管，所以我们将这段时期称为"晶体管计算机时代"。晶体管比电子管小得多，不需要暖机时间，消耗能量较少，处理更迅速、更可靠。第二代计算机的程序语言从机器语言发展到汇编语言。接着，高级语言 FORTRAN 语言和 COBOL 语言相继开发出来并被广泛使用。这时，开始使用磁盘和磁带作为辅助存储器。第二代计算机的体积和价格都下降了，使用的人也多起来了，计算机工业迅速发展。第二代计算机主要用于商业、大学教学和政府机关。

集成电路计算机时代：1965—1970 年，集成电路被应用到计算机中来，因此这段时期被称为"集成电路计算机时代"。集成电路（Integrated Circuit，IC）是做在晶片上的一个完整的电子电路，这个晶片比手指甲还小，却包含了几千个晶体管元件。第三代计算机的特点是体积更小、价格更低、可靠性更高、计算速度更快。第三代计算机的代表是 IBM 公司花了 50 亿美元开发的 IBM 360 系列。

（超）大规模集成电路计算机时代：从 1971 年到现在，被称之为"大规模集成电路计算机时代"。第四代计算机使用的元件依然是集成电路，不过，这种集成电路已经大大改善，它包含着几十万到上百万个晶体管，人们称之为大规模集成电路（Large Scale lntegrated Circuit，LSI）和超大规模集成电路（Very Large Scale lntegrated Circuit，VLSI）。1975 年，美国 IBM 公司推出了个人计算机 PC（PersonaI Computer），从此，人们对计算机不再陌生，计算机开始深入到人类生活的各个方面。

现代电子计算机技术的飞速发展，离不开人类科技知识的积累，离不开许许多多热衷于此并呕心沥血的科学家们的探索，正是这一代代的积累才构筑了今天的"信息大厦"。下面这个按时间顺序展现的计算机发展简史，虽然不是很详细的描述这一辉煌历程，但我们同样可以从中感受到科技发展的艰辛及科学技术的巨大推动力。

一、机械计算机时代

在西欧，由中世纪进入文艺复兴时期的社会大变革，大大促进了自然科学技术的发展，人们长期被神权压抑的创造力得到空前释放。其中制造一台能帮助人进行计算的机器，就是最耀眼的思想火花之一。从那时起，一个又一个科学家为把这一思想火花变成引导人类进入自由王国的火炬而不懈努力。但限于当时的科技总体水平，大都失败了，这就是拓荒者的共同命运：往往见不到丰硕的果实。后人在享用这甜美的时候，应该能从中品出一些汗水与泪水的滋味……

1614 年：苏格兰人 John Napier（1550—1617）发表了一篇论文，其中提到他发明了一种可以计算四则运算和方根运算的精巧装置。

1623 年：Wilhelm Schickard（1592—1635）制作了一个能进行六位以内数加减法，并能通过铃声输出答案的"计算钟"。通过转动齿轮来进行操作。

1625 年：William Oughtred（1575—1660）发明计算尺。

1642 年：法国数学家 Pascal 发明了齿轮式加法器。

1668 年：英国人 Samuel Morl（1625—1695）制作了一个非十进制的加法装置，适宜计算钱币。

1671 年：德国数学家 Gottfried Leibniz 制作了四则演算器，并提出了二进制的运算法则。

1775 年：英国 Charles 制作成功了一台与 Leibniz's 的计算机类似的机器，但更先进一些。

1776 年：德国人 Mathieus Hahn 成功的制作了一台乘法器。

1801 年：Joseph-Maire Jacuard 开发了一台能用穿孔卡片控制的自动织布机。

1820 年：法国人 Charles Xavier Thomas de Colmar（1785—1870），制作成功第一台成品计算机，非常的可靠，可以放在桌面上，在后来的 90 多年间一直在市场上出售。

1822 年：英国人 Charles Babbage（1792—1871）设计了差分机和分析机，其中设计的理论非常的超前，类似于百年后的电子计算机，特别是利用卡片输入程序和数据的设计被后人所采用。

1832 年：Babbage 和 Joseph Clement 制成了一个差分机的成品，开始可以进行 6 位数的运算。后来发展到 20 位、30 位，尺寸将近一个房子那么大。结果以穿孔的形式输出。但限于当时的制造技术，他们的设计难以制成。

1834 年：斯德哥尔摩的 George Scheutz 用木头做了一台差分机。

1834 年：Babbage 设想制造一台通用的分析机，在只读存储器（穿孔卡片）中存储程序和数据，Babbage 在以后的时间继续他的研究工作，并于 1840 年将操作数提高到了 40 位，并基本实现了控制中心（CPU）和存储程序的设想，而且程序可以根据条件进行跳转，能在几秒内作出一般的加法，几分钟内作出乘除法。

1842 年：Babbage 的差分机项目因为研制费用昂贵，被政府取消。但他自己仍花费大量的时间和精力于他的分析机研究。

1843 年：Scheutz 和他的儿子 Edvard Scheutz 制造了一台差分机，瑞典政府同意继续支持他们的研究工作。

1847 年：Babbage 花两年时间设计了一台较简易的、31 位的差分机，但没有人感兴趣并支持他造出这台机器。但后来伦敦科学博物馆用现代技术复制出这台机器后发现，它确实能准确地工作。

1848 年：英国数学家 George Boole 创立二进制代数学。提前差不多一个世纪为现代二进制计算机铺平了道路。

1853 年：令 Babbage 感到高兴的是，Scheutzes 制造成功了真正意义上的比例差分机，能进行 15 位数的运算。像 Babbage 所设想的那样输出结果。后来伦敦的 Brian Donkin 又造出了更可靠的第二台。

1858 年：第一台制表机被 Albany 的 Dudley 天文台买走。第二台被英国政府买走。但天文台并没有将其充分利用，后来被送进了博物馆。而第二台却被幸运的使用了很长时间。

1871 年：Babbage 制造了分析机的部分部件和印表机。

1878 年：纽约的西班牙人 Ramon Verea，制造成功桌面计算器。比前面提到的都要快。但他对将其推向市场不感兴趣，只是想表明，西班牙人可以比美国人做得更好。

1879 年：一个调查委员会开始研究分析机是否可行，最后他们的结论是：分析机根本不可能工作。此时 Babbage 已经去世了。调查之后，人们将他的分析机彻底遗忘了。但 Howard Aiken 例外。

1885 年：这时期更多的计算机涌现出来。如美国、俄国、瑞典等。他们开始用有槽的圆柱代替易出故障的齿轮。

1886 年：芝加哥的 Dorr E.Felt（1862–1930），制造成了他的计算机。这是第一台用按键操作的计算器，而且速度非常快，按键抬起，结果也就出来了。

1889 年：Felt 推出桌面印表计算器。

1890 年：1890 美国人口普查。1880 年的普查人工用了 7 年的时间进行统计。这意味着 1890 年的统计将会超过 10 年。美国人口普查部门希望能得到一台机器帮助提高普查的效率。Herman Hollerith，建立制表机公司的那个人，后来他的公司发展成了 IBM 公司。借鉴了 Babbage 的发明，用穿孔卡片存储数据，并设计了机器。结果仅仅用了 6 个周就得出了准确的数据（62 622 250 人）。Herman Hollerith 大发其财。

1892 年：圣多美和普林西比的 William S.Burroughs（1857—1898），制作成功了一台比 Felt 的功能更强的机器，真正开创了办公自动化工业。

1896 年：Herman Hollerith 创办了 IBM 公司的前身。

1906 年：Henry Babbage，Charles Babbage 的儿子，在 R.W.Munro 的支持下，完成了父亲设计的分析机，但也仅能证明它能工作，而没有将其作为产品推出。

二、电子计算机问世

在这之前的计算机，都是基于机械运行方式，尽管有个别产品开始引入一些电学内容，却都是从属于机械的，还没有进入计算机的灵活、逻辑运算领域。而在这之后，随着电子技术的飞速发展，计算机就开始了由机械向电子时代的过渡，电子越来越成为计算机的主体，机械越来越成为从属，二者的地位发生了变化，计算机也开始了质的转变。下面就是这一过渡时期的主要事件。

1906 年：美国的 Lee De Forest 发明了电子管。在这之前造出数字电子计算机是不可能的。这为电子计算机的发展奠定了基础。

1924 年 2 月：IBM，一个具有划时代意义的公司成立。

1930 – 1935 年：IBM 推出 IBM 601 机。这是一台能在一秒钟算出乘法的穿孔卡片计算机。这台机器无论在自然科学还是在商业意义上都具有重要的地位。大约造了 1500 台。

1937 年：英国剑桥大学的 Alan M.Turing（1912—1954）出版了他的论文，并提出了被后人称之为"图灵机"的数学模型。

1937 年：Bell 试验室的 George Stibitz 展示了用继电器表示二进制的装置。尽管仅仅是个展示品，但却是第一台二进制电子计算机。

1938 年：Claude E.Shannon 发表了用继电器进行逻辑表示的论文。

1938 年：柏林的 Konrad Zuse 和他的助手们完成了一个机械可编程二进制形式的计算机，其理论基础是 Boolean 代数。后来命名为 Z1。它的功能比较强大，用类似电影胶片的东西作为存储介质。可以运算七位指数和 16 位小数。可以用一个键盘输入数字，用灯泡显示结果。

1939 年 1 月 1 日：加利福尼亚的 David Hewlet 和 William Packard 在他们的车库里造出了 Hewlett-Packard 计算机。名字是两人用投硬币的方式决定的。包括两人名字的一部分。

1939 年 11 月：美国 John V.Atanasoff 和他的学生 Clifford Berry 完成了一台 16 位的加法器，这是第一台真空管计算机。

1939 年：二次世界大战的开始，军事需要大大促进了计算机技术的发展。

1939 年：Zuse 和 Schreyer 开始在他们的 Z1 计算机的基础上发展 Z2 计算机。并用继电器改进它的存储和计算单元。但这个项目因为 Zuse 服兵役被中断了一年。

1939/1940 年：Schreyer 利用真空管完成了一个 10 位的加法器，并使用了氖灯做存储装置。

1940 年 1 月：Bell 实验室的 Samuel Williams 和 Stibitz 制造成功了一个能进行复杂运算的计算机。大量使用了继电器，并借鉴了一些电话技术，采用了先进的编码技术。

1941 年夏季：Atanasoff 和学生 Berry 完成了能解线性代数方程的计算机，取名叫"ABC"（Atanasoff-Berry Computer），用电容作存储器，用穿孔卡片作辅助存储器，那些孔实际上是"烧"上的。时钟频率是 60Hz，完成一次加法运算用时 1 秒。

1941 年 12 月：德国 Zuse 制作完成了 Z3 计算机的研制。这是第一台可编程的电子计算机。可处理 7 位指数、14 位小数。使用了大量的真空管。每秒能作 3 ~ 4 次加法运算。一次乘法需要 3 ~ 5 s。

1943 年到 1959 年时期的计算机通常被称作第一代计算机。使用真空管，所有的程序都是用机器码编写，使用穿孔卡片。典型的机器就是：UNIVAC。

1943 年 1 月：Mark I，自动顺序控制计算机在美国研制成功。整个机器有 51 英尺长，重 5 吨，75 万个零部件，使用了 3304 个继电器，60 个开关作为机械只读存储器。程序存储在纸带上，数据可以来自纸带或卡片阅读器。被用来为美国海军计算弹道火力表。

1943 年 4 月：Max Newman、Wynn-Williams 和他们的研究小组研制成功"Heath Robinson"，这是一台密码破译机，严格说不是一台计算机，但是它使用了一些逻辑部件和真空管，其光学装置每秒钟能读入 2000 个字符，同样具有划时代的意义。

1943 年 9 月：Williams 和 Stibitz 完成了 Relay Interpolator，后来命名为 Model II Relay Calculator。这是一台可编程计算机。同样使用纸带输入程序和数据。其运行更可靠，每个数用 7 个继电器表示，可进行浮点运算。

1943 年 12 月：最早的可编程计算机在英国推出，包括 2 400 个真空管，目的是为了破译德国的密码，每秒能翻译大约 5 000 个字符，但使用完后不久就遭到了毁坏。据说是因为在翻译俄语的时候出现了错误。

1946 年：ENIAC（Electronic Numerical Integrator And Computer）是第一台真正意义上的数字电子计算机。开始研制于 1943 年，完成于 1946 年。负责人是 John W.Mauchly 和 J.Presper Eckert。重 30 t，18 000 个电子管，功率 25 kW。主要用于计算弹道和氢弹的研制。

三、晶体管计算机的发展

真空管时代的计算机尽管已经步入了现代计算机的范畴，但其体积之大、能耗之高、故障之多、价格之贵大大制约了它的普及应用。直到晶体管被发明出来，电子计算机才找到了腾飞的起点，一发而不可收……

1947 年：Bell 实验室的 William B.Shockley、John Bardeen 和 Walter H.Brattain 发明了晶体管，开辟了电子时代新纪元。

1949 年：EDSAC：剑桥大学的 Wilkes 和他的小组建成了一台存储程序的计算机。输入输出设备仍是纸带。

1949 年：ENIAC 是第一台使用磁带的计算机。这是一个突破，可以多次在其上存储程序。这台机器是 John von Neumann 提议建造的。

1949 年："未来的计算机不会超过 1.5 t。"这是当时科学杂志的大胆预测。

1950 年：软磁盘由东京帝国大学的 Yoshiro Nakamats 发明。其销售权由 IBM 公司获得。开创存储时代新纪元。

1950 年：英国数学家和计算机先驱 Alan Turing 说：计算机将会具有人的智慧，如果一个人和一台机器对话，对于提出和回答的问题，这个人不能区别到底对话的是机器还是人，那么这台机器就具有了人的智能。

1951 年：Grace Murray Hopper 完成了高级语言编译器。

1951 年：Whirlwind，美国空军的第一个计算机控制实时防御系统研制完成。

1951 年：UNIVAC-1，第一台商用计算机系统。设计者是 J.Presper Eckert 和 John Mauchly。被美国人口普查部门用于人口普查，标志着计算机的应用进入了一个新的、商业应用的时代。

1952 年：EDVAC（Electronic Discrete Variable Computer），由 von Neumann 领导设计并完成。取名为电子离散变量计算机。

1953 年：此时世界上大约有 100 台计算机在运转。

1953 年：磁心存储器被开发出来。

1954 年：IBM 的 John Backus 和他的研究小组开始开发 FORTRAN（FORmula TRANslation），1957 年完成。是一种适合科学研究使用的计算机高级语言。

1956 年：第一次有关人工智能的会议在 Dartmouth 学院召开。

1957 年：IBM 开发成功第一台点阵打印机。

1957 年：FORTRAN 高级语言开发成功。

四、集成电路为现代计算机铺平道路

尽管晶体管的采用大大缩小了计算机的体积、降低了其价格，减少了故障。但离人们的要求仍差很远，而且各行业对计算机也产生了较大的需求，生产能力更强、更轻便、更便宜的机器成了当务之急，而集成电路的发明正如"及时雨"，当春乃发生。其高度的集成性，不仅仅使体积得以减小，更使速度加快，故障减少。人们开始制造革命性的微处理器。计算机技术经过多年的积累，终于驶上了用硅铺就的高速公路。

1958 年 9 月 12 日：在 Robert Noyce（Intel 公司的创始人）的领导下，发明了集成电路。不久又推出了微处理器。但因为在发明微处理器时借鉴了日本公司的技术，所以日本对其专利不承认，

因为日本没有得到应有的利益。过了 30 年日本才承认，这样日本公司可以从中得到一部分利润了。但到 2001 年，这个专利也就失效了。

1959 年：1959 年到 1964 年间设计的计算机一般被称为第二代计算机。大量采用了晶体管和印刷电路。计算机体积不断缩小，功能不断增强，可以运行 FORTRAN 和 COBOL，接收英文字符命令，出现大量应用软件。

1959 年：Grace Murray Hopper 开始开发 COBOL（COmmon Business-Orientated Language）语言，完成于 1961 年。

1960 年：ALGOL，第一个结构化程序设计语言推出。

1961 年：IBM 的 Kennth Iverson 推出 APL 编程语言。

1963 年：PDP-8，DEC 公司推出第一台小型计算机。

1964 年：1964 年到 1972 年的计算机一般被称为第三代计算机。大量使用集成电路，典型的机型是 IBM360 系列。

1964 年：IBM 发布 PL/1 编程语言。

1964 年：发布 IBM 360 首套系列兼容机。

1964 年：DEC 发布 PDB-8 小型计算机。

1965 年：摩尔定律发表，处理器的性能每年提高一倍。后来其内容又发生了改变。

1965 年：Lofti Zadeh 创立模糊逻辑，用来处理近似值问题。

1965 年：Thomas E.Kurtz 和 John Kemeny 完成 BASIC(Beginners All Purpose Symbolic Instruction Code）语言的开发。特别适合计算机教育和初学者使用，得到了广泛的推广。

1965 年：Douglas Englebart 提出鼠标器的设想，但没有进一步的研究。直到 1983 年被苹果电脑公司大量采用。

1965 年：第一台超级计算机 CD6600 开发成功。

1967 年：Niklaus Wirth 开始开发 PASCAL 语言，1971 年完成。

1968 年：Robert Noyce 和他的几个朋友创办了 Intel 公司。

1968 年：Seymour Paper 和他的研究小组在 MIT 开发了 LOGO 语言。

1969 年：ARPANET 计划开始启动，这是现代 Internet 的雏形。

1969 年 4 月 7 日：第一个网络协议标准 RFC 推出。

1969 年：EIA（Electronic Industries Associa）。

1970 年：第一块 RAM 芯片由 Intel 推出，容量 1KB。

1970 年：Ken Thomson 和 Dennis Ritchie 开始开发 UNIX 操作系统。

1970 年：Forth 编程语言开发完成。

1970 年：Internet 的雏形 ARPAnet（Advanced Research Projects Agency network）基本完成。开始向非军用部门开放，许多大学和商业部门开始进入。

1971 年 11 月 15 日：Marcian E.Hoff 在 Intel 公司开发成功第一块微处理器 4004，含 2300 个晶体管，是个 4 位系统，时钟频率 108 kHz，每秒执行 6 万条指令。

1971 年：PASCAL 语言开发完成。

1972 年：1972 年以后的计算机习惯上被称为第四代计算机。基于大规模集成电路，及后来的超大规模集成电路。计算机功能更强，体积更小。人们开始怀疑计算机能否继续缩小，特别是发热量问题能否解决？人们开始探讨第五代计算机的开发。

　　1972 年：C 语言的开发完成。其主要设计者是 UNIX 系统的开发者之一 Dennis Ritche。这是一个非常强大的语言，开发系统软件，特别受人喜爱。

　　1972 年：Hewlett-Packard 发明了第一个手持计算器。

　　1972 年 4 月 1 日：Intel 推出 8008 微处理器。

　　1972 年：ARPANET 开始走向世界，Internet 革命拉开序幕。

　　1973 年：街机游戏 Pong 发布，得到广泛的欢迎。发明者 Nolan Bushnell，后来 Atari 的创立者。

　　1974 年：第一个具有并行计算机体系结构的 CLIP-4 推出。

五、当代计算机技术渐入辉煌

　　在这之前，计算机技术主要集中在大型机和小型机领域发展，但随着超大规模集成电路和微处理器技术的进步，计算机进入寻常百姓家的技术障碍已层层突破。特别是从 Intel 发布其面向个人机的微处理器 8080 之后，这一浪潮便汹涌澎湃起来，同时也涌现了一大批信息时代的弄潮儿，如乔布斯、比尔·盖茨等，至今他们对计算机产业的发展还起着举足轻重的作用。在此时段，互联网技术、多媒体技术也得到了空前的发展，计算机真正开始改变人们的生活。

　　1974 年 4 月 1 日：Intel 发布其 8 位的微处理器芯片 8080。

　　1974 年 12 月：MITS 发布 Altair 8800，第一台商用个人计算机，价值 397 美元，内存有 256 个字节。

　　1975 年：Bill Gates 和 Paul Allen 完成了第一个在 MITS 的 Altair 计算机上运行的 BASIC 程序。

　　1975 年：IBM 公司介绍了他的激光打印机技术。1988 年向市场推出其彩色激光打印机。

　　1975 年：Bill Gates 和 Paul Allen 创办 MicroSoft 公司。现在成为最大、最成功的软件公司。三年后就收入 50 万美元，增加到 15 个人。1992 年达 28 亿美元，1 万名雇员。其最大的突破性发展是在 1981 年为 IBM 的 PC 机开发操作系统，从此后便开始了对计算机业的巨大影响。

　　1975 年：IBM 公司的 5100 发布。

　　1976 年：Stephen Wozinak 和 Stephen Jobs 创办苹果计算机公司。并推出其 Apple I 计算机。

　　1976 年：Zilog 推出 Z80 处理器。8 位微处理器。CP/M 就是面向其开发的操作系统。许多著名的软件如：Wordstar 和 dBase II 基于此款处理器。

　　1976 年：6502，8 位微处理器发布，专为 Apple II 计算机使用。

　　1976 年：Cray 1，第一台商用超级计算机。集成了 20 万个晶体管，每秒进行 1.5 亿次浮点运算。

　　1977 年 5 月：Apple II 型计算机发布。

　　1978 年：Commodore Pet 发布：有 8 KB RAM，盒式磁带机，9 英寸显示器。1978 年 6 月 8 日：Intel 发布其 16 位微处理器 8086。但因其非常昂贵，又推出 8 位的 8088 满足市场对低价处理器的需要，并被 IBM 的第一代 PC 机所采用。其可用的时钟频率为 4.77、8、10 MHz。大约有 300 条指令，集成了 29 000 个晶体管。

　　1979 年：街机游戏"太空入侵者"发布，引起轰动。很快便使得类似的游戏机大规模流行起来，其收入超过了美国电影业。

1979 年：Jean Ichbiah 开发完成 Ada 计算机语言。

1979 年 6 月 1 日：Intel 发布了 8 位的 8088 微处理器，纯粹为了迎合低价电脑的需要。

1979 年：Commodore PET 发布了采用 1 MHz 的 6502 处理器，单色显示器、8K 内存的计算机，并且可以根据需要购买更多的内存扩充。

1979 年：发明了低密盘。

1979 年：Motorola 公司发布 68000 微处理器。主要供应 Apple 公司的 Macintosh，后继产品 68020 用在 Macintosh Ⅱ机型上。

1979 年：IBM 公司眼看着个人计算机市场被苹果等电脑公司占有，决定也开发自己的个人计算机，为了尽快地推出自己的产品，他们大量的工作是与第三方合作，其中微软公司就承担了其操作系统的开发工作。很快他们便在 1981 年 8 月 12 日推出了 IBM-PC。但同时也为微软后来的崛起，施足了肥料。

1980 年："只要有 1 MB 内存就足够 DOS 尽情表演了"。微软公司开发 DOS 初期时说。今天来听这句话有何感想呢？

1980 年 10 月：MS-DOS/PC-DOS 开发工作开始了。但微软并没有自己独立的操作系统，他们买来别人的操作系统并加以改进。但 IBM 测试时竟发现有 300 个 BUG。于是他们又继续改进，最初的 DOS1.0 有 4000 行汇编程序。

1981 年：Xerox 开始致力于图形用户界面、图标、菜单和定位设备（如鼠标）的研制。结果研究成果为苹果所借鉴。而苹果电脑公司后来又指控微软剽窃了他们的设计，开发了 Windows 系列软件。

1981 年：Intel 发布的 80186/80188 芯片，很少被人使用，因为其寄存器等与其他不兼容。但其采用了直接存储器访问技术和时间片分时技术。

1981 年 8 月 12 日：IBM 发布其个人计算机，售价 2880 美元。该机有 64K 内存、单色显示器、可选的盒式磁带驱动器、两个 160KB 单面软盘驱动器。这台机器取得了比预想的还要大的成功。

1981 年 8 月 12 日：MDA(Mono Display Adapter, text only)能够显示文本的单色显示器随 IBM-PC 机发布。

1981 年 8 月 12 日：MS-DOS 1.0，PC-DOS 1.0 发布。Microsoft 是受 IBM 委托开发 DOS 操作系统，他们从 Tim Paterson 那里购买了一个叫 86-DOS 的程序并加以改进。从 IBM 卖出去的叫 PC-DOS。从 Microsoft 卖出去的叫 MS-DOS。Microsoft 与 IBM 的合作一直到 1991 年的 DOS 5.0 为止。最初的 DOS 1.0 非常的简陋，每张盘上只一个根目录，不支持子目录。直到 1983 年 3 月的 2.0 版才有所改观。MS-DOS 在 1995 年以前一直是与 IBM-PC 兼容的操作系统，Windows 95 推出并迅速占领市场之后，其最后一个版本命名为 DOS 7.0。现在微软的操作系统已经在世界大多数计算机上运行了。

1982 年：基于 TCP/IP 协议的 Internet 初具规模。

1982 年：基于 6502 微处理器的计算机大受欢迎，特别是在学校大量普及。

1982 年 1 月：Commodore 64 计算机发布，价格为 595 美元。

1982 年 2 月：Intel 发布 80286。时钟频率提高到 20 MHz，并增加了保护模式，可访问 16M 内存。支持 1 GB 以上的虚拟内存。每秒执行 270 万条指令，集成了 134 000 个晶体管。

1982 年：Compaq 公司发布了其 IBM-PC 兼容机。

1982 年：MIDI（Musical Instrument Digital Interface）标准制定。允许计算机连接标准的类似键盘数字乐器。

1982 年：Sony 和 Phillips 公布了压缩音频的红皮书。很快得到欧美的认同。

1982 年 3 月：MS-DOS 1.25，PC-DOS 1.1 发布。

1982 年 4 月：Sinclair ZX Spectrum 发布基于 Z80 芯片，时钟频率 3.5 MHz。能显示 8 种颜色。

1982 年 5 月：IBM 推出双面 320K 的软盘驱动器。

1983 年 1 月：IBM PC 在欧洲展示。

1983 年：Borland 公司成立。

1983 年春季：IBM XT 机发布，增加了 10 MB 的硬盘，128 KB RAM，一个软驱、单色显示器、一台打印机、可以增加一个 8087 数字协处理器。价格 5000 美元。

1983 年 3 月：MS-DOS 2.0、PC-DOS 2.0 增加了类似 UNIX 分层目录的管理形式。

1983 年 10 月：MS-DOS 2.25，包括支持其他字符设置，开辟东方市场。

1984 年：DNS（Domain Name Server）域名服务器发布，互联网上有 1 000 多台主机运行。

1984 年：Hewlett-Packard 发布了优异的激光打印机，HP 也在喷墨打印机上保持领先技术。

1984 年 1 月：Apple 的 Macintosh 发布。基于 Motorola 68000 微处理器。可以寻址 16MB。

1984 年 8 月：MS-DOS 3.0、PC-DOS 3.0、IBM AT 发布，采用 ISA 标准，支持大硬盘和 1.2MB 高密软驱。

1984 年 9 月：Apple 发布了有 512KB 内存的 Macintosh，但其他方面没有什么提高。

1984 年底：Compaq 开始开发 IDE 接口，可以以更快的速度传输数据，并被许多同行采纳，后来更进一步的 EIDE 推出，可以支持到 528 MB 的驱动器。数据传输也更快。

1985 年：Philips 和 Sony 合作推出 CD-ROM 驱动器。

1985 年：EGA 标准推出。

1985 年 3 月：MS-DOS 3.1、PC-DOS 3.1 发布。这是第一个提供部分网络功能支持 DOS 的版本。

1985 年 10 月 17 日：80386 DX 推出。时钟频率到达 33 MHz，可寻址 1 GB 内存。比 286 更多的指令。每秒 6 百万条指令，集成 275 000 个晶体管。

1985 年 11 月：Microsoft Windows 发布。但在其 3.0 版本之全面没有得到广泛的应用。需要 DOS 的支持，类似苹果机的操作界面，以致被苹果控告。诉讼到 1997 年 8 月才终止。

1985 年 12 月：MS-DOS 3.2、PC-DOS 3.2。这是第一个支持 3.5 英寸磁盘的系统。但也只是支持到 720 KB。到 3.3 版本时方可支持 1.44 MB。

1986 年 1 月：Apple 发布较高性能的 Macintosh。有 4 MB 内存，和 SCSI 适配器。

1986 年 9 月：Amstrad Announced 发布便宜且功能强大的计算机 Amstrad PC 1512。具有 CGA 图形适配器、512 KB 内存、8086 处理器 20 MB 硬盘驱动器。采用了鼠标器和图形用户界面，面向家庭设计。

1987 年：Connection Machine 超级计算机发布。采用并行处理，每秒 2 亿次运算。

1987 年：Microsoft Windows 2.0 发布，比第一版要成功，但并没有多大提高。

1987 年：英国数学家 Michael F.Barnsley 找到图形压缩的方法。

1987 年：Macintosh II 发布，基于 Motorola 68020 处理器。时钟 16MHz，每秒 260 万条指令。有一个 SCSI 适配器和一个彩色适配器。

1987 年 4 月 2 日：IBM 推出 PS/2 系统。最初基于 8086 处理器和老的 XT 总线。后来过渡到 80386，开始使用 3.5 英寸 1.44 MB 软盘驱动器。引进了微通道技术，这一系列机型取得了巨大成功。出货量达到 200 万台。

1987 年：IBM 发布 VGA 技术。

1987 年：IBM 发布自己设计的微处理器 8514/A。

1987 年 4 月：MS-DOS 3.3、PC-DOS 3.3。随 IBM PS/2 一起发布，支持 1.44MB 驱动器和硬盘分区。可为硬盘分出多个逻辑驱动器。

1987 年 4 月：Microsoft 和 IBM 发布 S/2Warp 操作系统。但并未取得多大成功。

1987 年 8 月：AD-LIB 声卡发布。一个加拿大公司的产品。

1987 年 10 月：Compaq DOS（CPQ-DOS）v3.31 发布。支持的硬盘分区大于 32MB。

1988 年：光计算机投入开发，用光子代替电子，可以提高计算机的处理速度。

1988 年：XMS 标准建立。

1988 年：EISA 标准建立。

1988 年 6 月 6 日：80386 SX 为了迎合低价电脑的需求而发布。

1988 年 7 月到 8 月：PC-DOS 4.0、MS-DOS 4.0。支持 EMS 内存。但因为存在 BUG，后来又陆续推出 4.01a。

1988 年 9 月：IBM PS/20286 发布，基于 80286 处理器，没有使用其微通道总线。但其他机器继续使用这一总线。

1988 年 10 月：Macintosh Iix 发布。基于 Motorola 68030 处理器。仍使用 16 MHz 主频、每秒 390 万条指令，支持 128 MB RAM。

1988 年 11 月：MS-DOS 4.01、PC-DOS 4.01 发布。

1989 年：Tim Berners-Lee 创立 World Wide Web 雏形,他工作于欧洲物理粒子研究所。通过超文本链接，新手也可以轻松上网浏览。这大大促进了 Internet 的发展。

1989 年：Phillips 和 Sony 发布 CD-I 标准。

1989 年 1 月：Macintosh SE/30 发布。基于新型 68030 处理器。

1989 年 3 月：E-IDE 标准确立，可以支持超过 528MB 的硬盘容量。可达到 33.3MB/s 的传输速度。并被许多 CD-ROM 所采用。

1989 年 4 月 10 日：80486 DX 发布，集成 120 万个晶体管。其后继型号时钟频率达到 100MHz。

1989 年 11 月：Sound Blaster Card（声卡）发布。

1990 年：SVGA 标准确立。

1990 年 3 月：Macintosh Iifx 发布，基于 68030CPU，主频 40MHz，使用了更快的 SCSI 接口。

1990 年 5 月 22 日：微软发布 Windows 3.0 兼容 MS-DOS 模式。

1990 年 10 月：Macintosh Classic 发布，有支持到 256 色的显示适配器。

1990 年 11 月：第一代 MPC（多媒体个人电脑标准）发布。处理器至少 80286/12MHz，后来增加到 80386SX/16 MHz，及一个光驱，至少 150 KB/s 的传输率。

1991 年：发布 ISA 标准。

1991 年 5 月：Sound Blaster Pro 发布。

1991 年 6 月：MS-DOS 5.0、PC-DOS 5.0。为了促进 OS/2 的发展，Bill Gates 说：DOS 5.0 是 DOS 终结者,今后将不再花精力于此。该版本突破了 640KB 的基本内存限制。这个版本也标志着微软与 IBM 在 DOS 上的合作的终结。

1992 年：Windows NT 发布，可寻址 2GB RAM。

1992 年 4 月：Windows 3.1 发布。

1992 年 6 月：Sound Blaster 16 ASP 发布。

1993 年：Internet 开始商业化运行。

1993 年：经典游戏 Doom 发布。

1993 年：Novell 并购 Digital Research, DR-DOS 成为 Novell DOS。

1993 年 3 月 22 日：Pentium 发布。集成了 300 多万个晶体管。初期工作在 60~66 MHz。每秒执行 1 亿条指令。

1993 年 5 月：MPC 标准 2 发布。CD-ROM 传输率要求 300 KB/s。在 320×240 的窗口中每秒播放 15 帧图像。

1993 年 12 月：MS-DOS 6.0 发布，包括一个硬盘压缩程序 DoubleSpace，但一家小公司声称，微软剽窃了其部分技术。于是在后来的 DOS 6.2 中，微软将其改名为：DriveSpace。后来 Windows 95 中的 DOS 成为 DOS 7.0，Windows 95 OSR2 中称为 DOS 7.10。

1994 年 3 月 7 日：Intel 发布 90~100 MHz Pentium 处理器。

1994 年 9 月：PC-DOS 6.3 发布。

1994 年 10 月 10 日：Intel 发布 75MHz Pentium 处理器。

1994 年：Doom II 发布。开辟了 PC 机游戏广阔市场。

1994 年：Netscape 1.0 浏览器发布。

1994 年：Comm&Conquer（命令与征服）发布。

1995 年 3 月 27 日：Intel 发布 120 MHz 的 Pentium 处理器。

1995 年 6 月 1 日：Intel 发布 133 MHz 的 Pentium 处理器。

1995 年 8 月 23 日：Windows 95 发布。大大不同于其以前的版本。完全脱离 MS-DOS，但照顾用户习惯还保留了 DOS 形式。纯 32 位的多任务操作系统。该版本取得了巨大的成功。

1995 年 11 月 1 日：Pentium Pro 发布。主频可达 200 MHz，每秒钟完成 4.4 亿条指令，集成了 550 万个晶体管。

1995 年 12 月：Netscape 发布其 JavaScript。

1996 年：Quake、Civilization 2、Command&Conquer-Red Alert 等一系列的著名游戏发布。

1996 年 1 月：Netscape Navigator 2.0 发布，第一个支持 JavaScript 的浏览器。

1996 年 1 月 4 日：Intel 发布 150~166 MHz 的 Pentium 处理器，集成了 330 万个晶体管。

1996 年：Windows'95 OSR2 发布，修复了部分 BUG，扩充了部分功能。

1997 年：Gr 和 Theft Auto、Quake 2、Blade Runner 等著名游戏发布，3D 图形加速卡大行其道。

1997 年 1 月 8 日：Intel 发布 Pentium MMX。对游戏和多媒体功能进行了增强。

1997 年 4 月：IBM 的深蓝（Deep Blue）计算机，战胜人类国际象棋世界冠军卡斯帕罗夫。

1997 年 5 月 7 日：Intel 发布 Pentium II，增加了更多的指令和更多 Cache。

1997 年 6 月 2 日：Intel 发布 233MHz Pentium MMX。

1997 年 16 日：Apple 遇到严重的财务危机，微软伸出援助之手，注资 1.5 亿美元。条件是 Apple 撤销其控诉：微软模仿其视窗界面的起诉，并指出 Apple 也是模仿了 XEROX 的设计。

1998 年 2 月：Intel 发布 333 MHz Pentium II 处理器。采用 0.25 μm 技术，提高速度，减少发热量。

1998 年 6 月 25 日：Microsoft 发布 Windows 98，一些人企图肢解微软，微软回击说这会伤害美国的国家利益。

1999 年 1 月 25 日：Linux Kernel 2.2.0 发布。人们对其寄予厚望。

1999 年 2 月 22 日：AMD 公司发布 K6-III 400 MHz。有测试说其性能超过 Pentium II。集成 2 300 万个晶体管、Socket 7 结构。

1999 年 7 月：Pentium III 发布，最初时钟频率在 450 MHz 以上，总线速度在 100 MHz 以上，采用 0.25 μm 工艺制造，支持 SSE 多媒体指令集，集成有 512 KB 以上的二级缓存。

1999 年 10 月 25 日：代号为 Coppermine（铜矿）的 Pentium III 处理器发布。采用 0.18 μm 工艺制造的 Coppermine 芯片内核尺寸进一步缩小，虽然内部集成了 256 KB 全速 On-Die L2 Cache，内建 2 800 万个晶体管，但其尺寸却只有 106 mm^2。

2000 年 3 月：Intel 发布代号为 "Coppermine 128" 的新一代的 Celeron 处理器。新款 Celeron 与老 Celeron 处理器最显著的区别就在于采用了与新 Pentium III 处理器相同的 Coppermine 核心及同样的 FC-PGA 封装方式，同时支持 SSE 多媒体扩展指令集。

2000 年 4 月 27 日：AMD 宣布正式推出 Duron 作为其新款廉价处理器的商标，并以此准备在低端向 Intel 发起更大的冲击，同时，面向高端的 Thunder Bird 也在其后的一个月间发布。

2000 年 7 月：AMD 领先 Intel 发布了 1 GHz 的 Athlon 处理器，随后又发布了 1.2GMHz Athlon 处理器。

2000 年 7 月：Intel 发布研发代号为 Willamette 的 Pentium 4（P4）处理器，管脚为 423 或 478 根，其芯片内部集成了 256 KB 二级缓存，外频为 400 MHz，采用 0.18 μm 工艺制造，使用 SSE2 指令集，并整合了散热器，其主频从 1.4 GHz 起步。

2001 年 5 月 14 日：AMD 发布用于笔记本电脑的 Athlon 4 处理器。该处理器采用 0.18 μm 工艺造，前端总线频率为 200 MHz，有 256 KB 二级缓存和 128 KB 一级缓存。

2001 年 5 月 21 日：VIA 发布 C3 处理器。该处理器采用 0.15 μm 工艺制造（处理器核心仅为 2 mm^2），包括 192 KB 全速缓存（128 KB 一级缓存、64 KB 二级缓存），并采用 Socket 370 接口。支持 133 MHz 前端总线频率和 3DNow!、MMX 多媒体指令集。

2001 年 8 月 15 日：VIA 宣布其兼容 DDR 和 SDRAM 内存的 Pentium 4 芯片组 P4X266 将大量出货。该芯片组的内存带宽达到 4 GB，是 Instel 850 的两倍。

2001 年 8 月 27 日：Intel 发布主频高达 2 GHz 的 Pentium 4 处理器。

与整个人类的发展历程相比、与传统科学技术相比，计算机的历史才刚刚开始书写，我们正置身其中，感受其日新月异的变化。

附录 C 图灵奖简介

世界上第一台电子计算机 ENIAC 于 1946 年 2 月诞生在美国宾夕法尼亚大学莫尔学院。而早在 1936 年，英国数学家图灵（Alan Mathison Turing，1912-1954）发表了一篇论文"论可计算数及其在判定问题中的应用"，文中提出了现代计算机的理论模型，因此学术界公认，电子计算机的理论和模型是由图灵奠定了基础。

美国计算机协会 ACM 在 1966 年纪念电子计算机诞生 20 周年，也就是图灵的具有历史意义的论文发表 30 周年的时候，决定设立计算机界的第一个奖项，并且很自然地把它命名为"图灵奖"，以纪念这位计算机科学理论的奠基人。"图灵奖"被称为"计算机界的诺贝尔奖"。

图灵奖主要授予在计算机技术领域做出突出贡献的个人。而这些贡献必须对计算机业有长远而重要的影响。迄今为止已有 40 多位在计算机领域做出突出贡献的科学家获此殊荣。

艾伦·图灵（AlanTuring）简介

图灵是个天才。他 16 岁就开始研究爱因斯坦的相对论。1931 年，图灵考入剑桥大学国王学院，开始他的数学生涯，研究量子力学、概率论和逻辑学。图灵一上大学，就迷上了《数学原理》。天才的图灵在数理逻辑大本营的剑桥大学提出一个设想：能否有这样一台机器，通过某种一般的机械步骤，能在原则上一个接一个地解决所有的数学问题。大学毕业后，图灵去美国普林斯顿大学攻读博士学位，还顺手发明过一个解码器。在那里，他遇见了冯·诺依曼，后者对他的论文击节赞赏，并随后由此提出了"存储程序"概念。图灵学成后又回到他的母校任教。在短短的时间里，图灵就发表了几篇很有份量的数学论文，为他赢得了很大的声誉。

1936 年，图林发表了一篇划时代的论文——《论可计算数及其在判定问题中的应用》，后被人改称《理想计算机》。论文里论述了一种"图灵机"，只要为它编好程序，它就可以承担其他机器能作的任何工作。当世界上还没人提出通用计算机的概念前，图灵已经在理论上证明了它存在的可能性。这一理论奠定了整个现代计算机的理论基础。"图灵机"更在电脑史上与"冯·诺依曼机"齐名，被永远载入计算机的发展史中。

图灵机理论不仅解决了纯数学基础理论问题，一个巨大的"意外"收获则是，理论上证明了研制通用数字计算机的可行性。虽然早在 100 年前的 1834 年，巴贝奇（Chark Babbage，1792—1871）就设计制造了"分析机"以说明具体的数字计算，但他的失败之处是没能证明"必然可行"。图灵机理论不仅证明了研制"通用机"的可行性，而且比世界上第一台由德国人朱斯（K·Zuze）于 1941 年制造的通用程序控制计算机 Z-3 整整早 5 年。这不得不使人惊叹这一理论的深刻意义。

1945 年，图灵在英国国家物理研究所担任高级研究员。两年后，图灵写了一份内部报告，提出了"自动程序"的概念，但由于英国政府严密、死板的保密法令，这份报告一直不见天日。1969年，美国的瓦丁格（Woldingger）发表了同样成果，英国才连忙亮出压在箱底的宝贝，终于在1970年给图灵的报告"解密"。图灵的这份报告后来收入爱丁堡大学编的《机器智能》论文集中。由于有了布雷契莱的经验，图灵提交了一份"自动计算机"的设计方案，领导一批优秀的电子工程师，着手制造一种名叫 ACE 的新型计算机。它大约用了800个电子管，成本约为4万英镑。1950年，ACE 计算机就横空出世，开始公开露面，为感兴趣的人们玩一些"小把戏"，赢得阵阵喝彩。图灵在介绍 ACE 的内存装置时说："它可以很容易把一本书的10页内容记住。"显然，ACE 比ENIAC 的存储器更先进。就在这一年，图林来到曼彻斯特大学任教，并被指定为该大学自动计算机项目的负责人，编写出版了《曼彻斯特电子计算机程序员手册》。

1946年，在纽曼博士的动议下，皇家学会成立电脑实验室。阿兰·图灵在次年9月加盟电脑实验室。在1948年6月，这里造出了一台小的模型机，大家都爱叫它"婴儿"（Baby）。这台模型机用阴极射线管来解决存储问题，能存储32个字，每一字有32位字长。这是第一台能完全执行存储程序的电子计算机的模型。

与冯·诺依曼同时代的富兰克尔（Frankel，冯氏同事）在回忆中说：冯·诺依曼没有说过"存储程序"型计算机的概念是他的发明，却不止一次地说过，图灵是现代计算机设计思想的创始人。当有人将"电子计算机之父"的头衔戴在冯·诺依曼头上时，他谦逊地说，真正的计算机之父应该是图灵。当然，冯·诺依曼问之无愧，而图灵也有"人工智能之父"的桂冠。他俩是计算机历史浩瀚星空中相互映照的两颗巨星。

早在1945年，图灵就提出"仿真系统"的思想，并有一份详细的报告，想建造一台没有固定指令系统的电脑。它能够模拟其他不同指令系统的电脑的功能，但这份报告直到1972年才公布。这说明图灵在二战结束后就开始了后来被称为"人工智能"领域的探索，他开始关注人的神经网络和电脑计算之间的关联。

1950年，图灵又来到曼彻斯特大学任教，同时还担任该大学自动计算机项目的负责人。就在这一年的十月，他又发表了另一篇题为《机器能思考吗?》的论文，成为划时代之作。也正是这篇文章，为图灵赢得了一顶桂冠——"人工智能之父"。在这篇论文里，图灵第一次提出"机器思维"的概念。

他对智能问题从行为主义的角度给出了定义，由此提出一假想：即一个人在不接触对方的情况下，通过一种特殊的方式，和对方进行一系列的问答，如果在相当长时间内，他无法根据这些问题判断对方是人还是计算机，那么，就可以认为这个计算机具有同人相当的智力，即这台计算机是能思维的。这就是著名的"图灵测试"（Turing Testing）。当时全世界只有几台电脑，根本无法通过这一测试。但图灵预言，在本世纪末，一定会有电脑通过"图灵测试"。终于他的预言在 IBM 的"深蓝"身上得到彻底实现。当然，卡斯帕罗夫和"深蓝"之间不是猜谜式的泛泛而谈，而是你输我赢的彼此较量。

1954年，42岁的阿兰·图林英年早逝。在42年的短暂生涯中，图灵在量子力学、数理逻辑、生物学、化学方面都有深入的研究，他在晚年还开创了一门新学科——非线性力学。当然他最高的成就还是在电脑和人工智能方面，是这一领域开天辟地的大师。为了纪念他在计算机领域奠基性的贡献，美国计算机学会决定设立"图林奖"，从1956年开始颁发给最优秀的电脑科学家，它就像科学界的诺贝尔奖那样，是电脑领域的最高荣誉。图灵的才气纵横大西洋，脚跨剑桥和普林斯顿两校，上联罗素、怀特海、维特根斯坦、哥德尔，下开冯·诺依曼，是他用电脑、人工智能在现代数理逻辑和现实世界间搭一起一座不朽的桥梁。

历届图灵奖得主（1966—2010）

1966 A.J.Perlis 因在新一代编程技术和编译架构方面的贡献而获奖。

1967 Maurice V.Wilkes 因设计出第一台具有内置存储程序的计算机而获奖。

1968 Richard W.Hamming 因在计数方法、自动编码系统、检测及纠正错码方面的贡献而获奖。

1969 Marvin Minsky 因对人工智能的贡献而获奖。

1970 J.H.Wilkinson 因在利用数值分析方法来促进高速数字计算机的应用方面的研究而获奖。

1971 John McCarthy 因对人工智能的贡献而获奖。

1972 Edsger W.Dijkstra 因在编程语言方面的出众表现而获奖。

1973 Charles W.Bachman 因在数据库方面的杰出贡献而获奖。

1974 Donald E.Knuth 因设计和完成 TEX（一种创新的具有很高排版质量的文档制作工具）而获奖。

1975 Allen Newell 和 Herbert A.Simon 因在人工智能、人类心理识别和列表处理等 方面进行的基础研究而获奖。

1976 Michael O.Robin 和 Dana S.Scott 因他们的论文"有限自动机与它们的决策问题"中所提出的非决定性机器这一很有价值的概念而获奖。

1977 John Backus 因对可用的高级编程系统设计有深远和重大的影响而获奖。

1978 Robert W.Floyd 因其在软件编程的算法方面的深远影响，并开创了包括剖析理论、编程语言的语义、自动程序检验、自动程序合成和算法分析在内的多项计算机子学科而获奖。

1979 Kenneth E.Iverson 因对程序设计语言理论、互动式系统及 APL 的贡献而获奖。

1980 C.Anthony R.hoare 因对程序设计语言的定义和设计所作的贡献而获奖。

1981 Edgar F.Codd 因在数据库管理系统的理论和实践方面的贡献而获奖。

1982 Steven A.Cook 因奠定了 NP-Completeness 理论的基础而获奖。

1983 Ken Thompson 和 Dennis M.Ritchie 因在通用操作系统理论方面的突出贡献， 特别是对 UNIX 操作系统的推广的贡献而获奖。

1984 Niklaus Wirth 因开发了 EULER、ALGOL-W、MODULA 和 PASCAL 一系列崭新的计算语言而获奖。

1985 Richard M.Karp 因对算法理论的贡献而获奖。

1986 John E.Hopcroft 因在算法及数据结构的设计和分析中所取得的决定性成果而获奖。

1987 John Cocke 因在面向对象的编程语言和相关的编程技巧方面的贡献而获奖。

1988 Ivan E.Sutherland 因在计算机图形学方面的贡献而获奖。

1989 William V.Kahan 因在数值分析方面的贡献而获奖。

1990 Fernando J.Corbato 因在开发大型多功能、可实现时间和资源共享的计算系统，如 CTSS 和 Multics 方面的贡献而获奖。

1991　Robin Milner　因在可计算的函数逻辑（LCF）、ML 和并行理论（CCS）这三个方面的贡献而获奖。

1992　Butler W. Lampson　因在个人分布式计算机系统方面的贡献而获奖。

1993　Jurlis Hartmanis、Richard E.Stearns　因奠定了计算复杂性理论的基础而获奖。

1994　Edward Feigenbaum、Raj Reddy　因对大型人工智能系统的开拓性研究而获奖。

1995　Manuel Blum　因奠定了计算复杂性理论的基础和在密码术及程序校验方面的贡献而获奖。

1996　Amir Pnueli　因在中引入临时逻辑和对程序及系统检验的贡献而获奖。

1997　Douglas Engelbart　因提出交互计算概念并创造出实现这一概念的重要技术而获奖。

1998　James Gray　因在数据库和事务处理方面的突出贡献而获奖。

1999　Frederick P. Brooks, Jr.　因对计算机体系结构和操作系统以及软件工程做出了里程碑式的贡献而获奖。

2000　Andrew Chi-Chih Yao　由于在计算理论方面的贡献而获奖，包括伪随机数的生成算法、加密算法和通讯复杂性。

2001　Ole-Johan Dahl、Kristen Nygaard　因他们在设计编程语言 SIMULA I 和 SIMULA 67 时产生的基础性想法，这些想法是面向对象技术的肇始。

2002　Ronald L. Rivest、Adi Shamir、Leonard M. Adleman　国际上最具影响力的公钥密码算法 "RSA" 的创始人而获奖。

2003　Alan Kay　因发明第一个完全面向对象的动态计算机程序设计语言 Smalltalk 而获奖。

2004　Vinton G. Cerf、Robert E. Kahn（TCP/IP 协议发明人）　由于在互联网方面开创性的工作，这包括设计和实现了互联网的基础通信协议，TCP/IP，以及在网络方面卓越的领导而获奖。

2005　Peter Naur　ACM（美国计算机学会）决定将 2005 年图灵奖颁发给 Peter Naur，以表彰他在设计 Algol 60 语言上的贡献。由于其定义的清晰性，Algol 60 成为许多现代程序设计语言的原型。在语法描述中广泛使用的 BNF 范式，其中的 "N" 便是来自 Peter Naur 的名字。

2006　Frances E. Allen（IBM 终生院士/IBM Fellow Emerita）　因为在编译器优化的理论和实践方面做出的开创性贡献而获奖。她的工作奠定了现代优化编译器和自动并行化执行的基础。

2007　Allen Emerson 图灵奖以表彰其对目前在硬件和软件领域被广泛使用的模型检查发展成为一个重要的，高效的验证技术所作出的杰出贡献。

2008　Barbara Liskov 以表彰其在计算机程序语言，系统设计，特别是在数据抽象，容错系统设计和分布式计算方面的理论和工程设计方面的杰出贡献。另外，Barbara Liskov 是历史上第一个女性计算机博士学位获得者。Barbara 于 1961 年从加州大学伯克利分校数学系获得其学士学位；1968 年从斯坦福大学获得其计算机博士学位。其博士论文为 *A Program to play chess Endgames*。

2009　Charles P. Thacker 奖励其在 Xero PARC 发明了 Alto、NC 原型、对 LAN 的贡献、设计了第一个多核工作站、TabletPC 的原型等多项影响深远的工作。

2010　Dr. Les Valiant 表彰其在计算理论方面，特别是机器学习领域中的概率近似正确理论的开创性贡献，枚举和计算代数复杂性，并行和分布式系统方面的其他贡献。